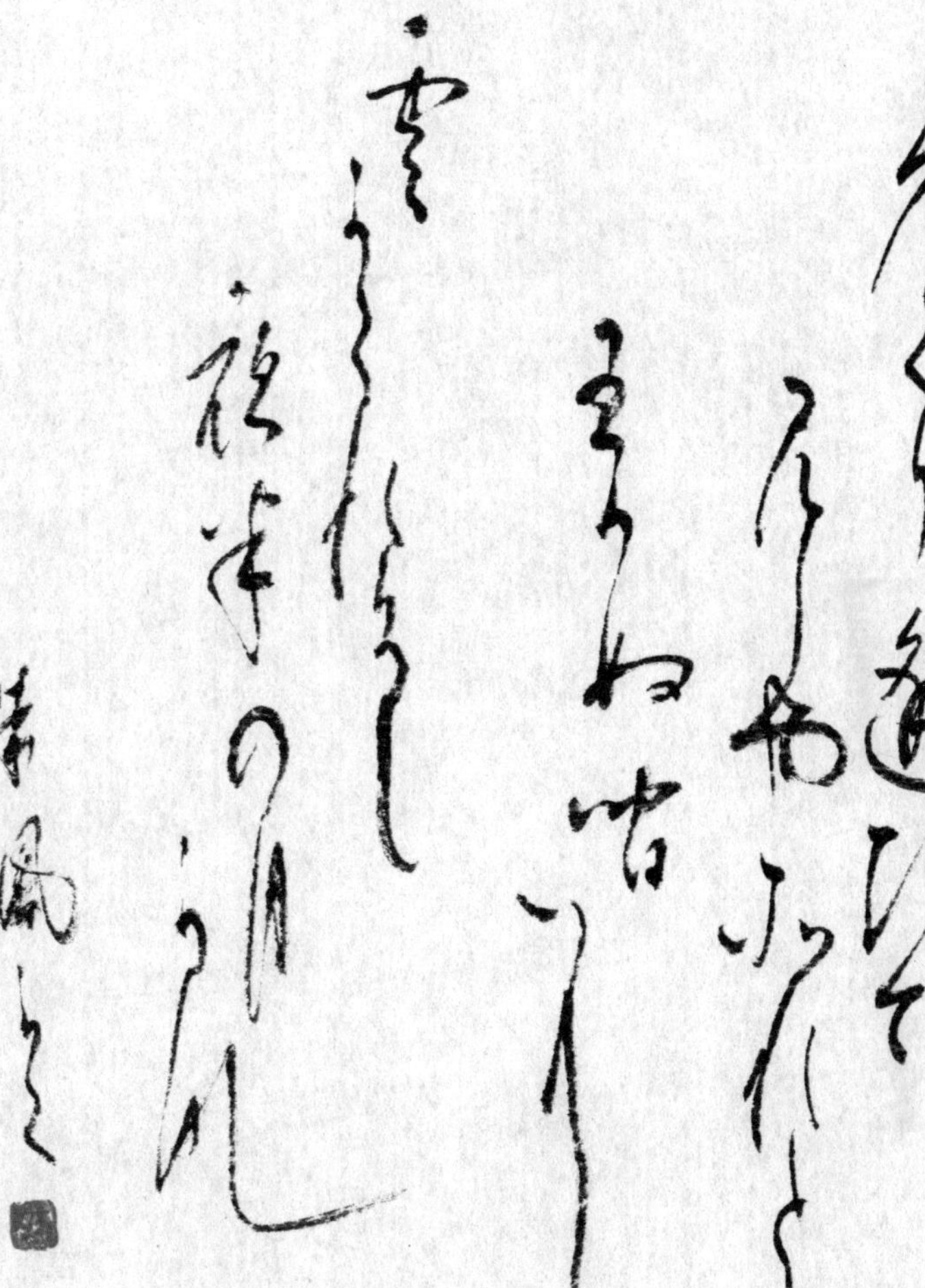

めぐり逢ひて　見しやそれとも　わかぬ間に　雲がくれにし　夜半の月かな（原本が杉原紙に書かれた紫式部の代表歌）
国際芸術親善大使・国連プライド会員　近藤朱鳳 書

総務省地域力創造アドバイザー
前　兵庫県多可町長
戸田善規

紫式部が愛した紙

藤原道長と「椙《すぎ》原《はら》庄《しょう》紙《し》」

スタブロブックス

はじめに――「椙原庄紙《すぎはらしょうし》」は和紙のプラチナ遺産

令和6年（2024）のNHK大河ドラマでは、珍しく平安時代が取り上げられました。「光る君へ」というタイトルは『源氏物語』を連想させ、興味をそそります。かつて平清盛を主人公にした作品がありましたが、女性が主役の平安期の物語は、大河ドラマ史上で初めてかもしれません。

なぜ平安期を描いた作品がそれほど存在しないのか。おそらく、この時代は参考となる史料が極めて少ないからでしょう。「光る君へ」の脚本は、主として藤原道長の『御堂関白記』、藤原行成の『権記』、藤原実資《さねすけ》の『小右記』、その名もズバリ『紫式部日記』といった日記モノや、赤染衛門《あかぞめえもん》の作とされる『栄花物語』などに頼るほかありません。

もちろん紫式部の『源氏物語』や清少納言の『枕草子』の記述内容から想像を膨らませ、創作された場面も多分にあると思います。

手がかりとなる情報が限られる中でどのような構成を描き、ストーリーが展開されていくのか、毎回興味を抱いて視聴している筆者ですが、もう一つ、皆さんとは異なる視点を持っています。

私は料紙《りょうし》、つまり「素材としての紙」に注目して番組を観ているのです。

藤原為時（式部の父）の部屋に積まれている「巻紙の類」はどこの産紙なのかなどと、自由に想像しながらドラマを楽しんでいます。


歴史を書き残すために欠かせない「紙」は紀元前2世紀頃に中国で発明されたといわれています。その後7世紀頃に、高句麗の僧の曇徴《どんちょう》によって紙の製造法が日本に伝えられたというのが定説です（しかし48ページで詳述しているように、実際にはもっと早い時期に大陸から日本に製紙技法がもたらされていたようです）。

奈良時代、日本に伝わった紙は精度を上げるために改良が重ねられ、日本独自の和紙として発達していきました。当時は写経や、戸籍をはじめとする公文書だけに用いられていたようです。

平安時代を迎えると貴族が和歌を詠んだり、漢文や書物を認めたりする用途としても使われるようになっていきます。

しかし平安期は、その時代を正しく理解するための記録に欠けることから、どのような紙が使われていたのかを知る手がかりはほとんど存在していません。

だからこそ、私は思い描いてしまうのです。

紫式部はどのような料紙を用いて『源氏物語』を清書したのだろう。
清少納言も然りで『枕草子』が書かれたのはどこの産紙なのだろう。
彼女たちは「貴重で入手しがたかった良質の紙」をなぜ大量に使えたのだろう。
藤原道長や藤原行成、藤原実資の「日記」はどこの産紙を使っているのだろう——と。

*

このようなことを日々考え、その論証を企てる筆者は、日本史には多少の関心はあるものの「歴史作家」でも「歴史学者」でもありません。

首長職を退任後、地元（兵庫県多可町）の手漉き和紙「杉原紙」の歴史面での研究と、伝統和紙の魅力を町内外の方々に伝えるために、「和紙博物館（寿岳《じゅがく》文庫）」で「語り部ボランティア」として活動している市井《しせい》の一人です。

兵庫県多可町加美区の杉原谷《すぎはらだに》地区（旧椙原庄《すぎはらしょう》）は、1000年以上前の関白・藤原頼通の時代には、すでに摂関家荘園（私的な領有地）であったと考えられています。

摂関家が「近衛家」と「九条家」に分かれ、後に五摂家となってからも、杉原庄は室町時代の明応・文亀の頃（1500年）まで、「近衛家」の荘園として料紙「椙原庄紙《すぎはらしょうし》（杉原紙《すぎはらがみ》）」を毎年欠かさずに貢納してきた地域なのです。

そんな歴史を有していますので、平安時代の「物語」や「日記」の類を見聞きすると、地元多可町の昔の産紙『椙原庄紙』に書かれているのではないか、と思いを募らせてしまうのです。

先に結論を述べれば、「紫式部が『源氏物語』を清書した紙も、清少納言が『枕草子』を記した紙も、兵庫県多可町産の『椙原庄紙〔現在の杉原紙につながる紙〕』に違いない」と考えています。

特に『源氏物語』は世界で最古といわれる長編小説であり、「紫式部」は長い時間を料紙とともに過ごしています。

いかに「紙」とはいえ、誰も嫌な紙とは長い期間を一緒には過ごせません。きっと、紫式部は書き心地の良い高品質の料紙と時間をともにし、筆を走らせていたはずです。

我が国においては「紙」は素材としてだけ扱われ、漉かれた「紙」そのものが芸術作品として見なされることは少なく、誠に残念です。

しかし世界では「手漉きの紙」そのものが芸術品であり、文化史的に見れば、『源氏物語』が「どこの産紙に書かれたのか」との問いかけは、大きな意味合いを持つテーマだと考えます。

そこで、この本を手に取っていただいた貴方には、「紫式部が愛した紙――それは『椙原庄紙（杉原紙）』に違いない」という筆者の検証を通じて、「手漉き和紙」の歴史とその素晴らしさを知っていただきたいのです。

現在の『杉原紙』は多可町立製紙所「杉原紙研究所」にて重要無形文化財として存続させることを主目的に漉かれている日本で最も良質な「手漉きの楮《こうぞ》紙」です（兵庫県指定重要無形文化財）。『杉原紙』は、大量に出回り、日常的に消費されている類の「機械漉き」の紙ではありません。

上代から数えて１３００年の歴史を誇り、藤原摂関家の料紙として燦然《さんぜん》と輝き続けてきた「手漉きの椙原庄紙（杉原紙）」は、今や『和紙のプラチナ遺産』（〝価値ある地域資源〟との意で筆者の造語）ともいい得る貴重な紙なのです。

その紙の軌跡を筆者とともに辿っていただき、『椙原庄紙（杉原紙）は和紙のプラチナ遺産』であることをご確認いただければ幸いです。

【推薦】「地域おこし人」必読の書

著者の戸田善規さんは、衆議院議員の公設秘書を経て合併前の旧加美町長を2期、その後、合併後の多可町の町長も3期務められ、その間に兵庫県町村会長を6年も務められた人望の厚い方です。

このような経歴を見ると尊大な方と思われる向きもあるかもしれませんが、実は大変お人柄の良い方で退職後も地域活動に熱心に取り組まれています。私はそのお人柄と活動に着目して、一般財団法人地域活性化センターの顧問にお迎えして、職員のための人材養成塾の講義や関西OBOG会での講話などをお願いしています。

また、そのご経歴を生かして、兵庫県町村会に人材育成の大切さを働きかけるため全町村をセンターの職員と一緒に回っていただき、センターの人材育成機能の活用、とりわけ研修生（人材養成塾生）の派遣を実現していただきました。

戸田さんは地域活性化や地方創生の決め手は大昔からある地域資源の発掘と価値の再生であり、そのことによるシビックプライドの醸成だと語られています。このことは、私が総務省の初代地域力創造審議官に任命された際に、有識者会議を設置して様々な議論をしていただいたときの結論と一致しています。

多可町におけるそのような重要な地域資源の一つが椙原庄紙（杉原紙）であり、戸田さんはその研究と歴史の伝承活動を続けてこられました。まことに慧眼であるとともに立派な実践活動であると、私は高く評価しています。

その戸田さんがＮＨＫ大河ドラマ「光る君へ」（２０２４年）の放映を契機に、この時とばかりに出版を決意されました。これもまことに時宜を得た、また、素晴らしいスピード感のある取組だと敬服するばかりです。

加えて、地元の出版社から刊行されるということで、私もかつて何冊かの本を山陰の会社から出版していますが、それは地域の経済循環のことを考慮してのことであり、この考えも戸田さんと一致したのが当然といえばそれまでではありますが、やはり地域おこしのプロというのはこういうものだと納得しました。

このようなことから、私は推薦文の執筆依頼を受けた時に、喜んでお引き受けしました。私もこの本を楽しみに読ませていただき、「地域おこしのポイントはこれなんだよな」とにやにやしています。

地域おこしを志す人は、決して近道をせず、時間をかけて本質的なことに取り組んでほしいと思っています。長年の間に人口が減り、疲弊してきた地域を再生することはそう簡単に短期間でできることではなく、こういった地道で本質を突いた取組が必要です。

そういう意味で、この本は大変興味深い内容を含んでおり、歴史が好きな方には読んで楽しいものですが、単にNHK大河ドラマの解説本でもなければ、歴史を読み解いた本でもありません。

この本は、まさに「地域おこし人」必読の書であり、このような手法はどこの地域でも応用できる教科書のようなものです。

自分たちの郷土に昔からある価値の高いものを、埋蔵文化財のように深い愛情を持って大切に掘り起こし、その歴史を解き明かし、それを地域の皆さんと共有し、シビックプライドの醸成につなげる、これが地域おこしの原点です。

地方自治体の首長さん、議員さん、公務員の皆さん、そして私が創設した地域おこし協力隊の皆さん、その他地域おこしを志すすべての皆さんにぜひ読んでいただきたいと願う次第です。

総務省初代地域力創造審議官、元自治財政局長
（一財）地域活性化センター常任顧問（前理事長）
椎川《しいかわ》　忍《しのぶ》

【推薦】摂関家の紙「椙原庄紙《すぎはらしょうし》」の魅力と歴史を知る

『紫式部が愛した紙』は、手漉き和紙「杉原紙」の魅力と歴史に焦点を当てた貴重な一冊です。著者である戸田善規さんは、地元兵庫県多可町の和紙の研究と普及活動に情熱を傾ける市民の一人として、独自の視点から紫式部や清少納言が使用したとされる紙に関する興味深い仮説を提起しています。

この本は、歴史作家や学者ではない戸田さんの視点から、歴史的な背景や摂関家の荘園としての重要性を踏まえ、「椙原庄紙（杉原紙）」が紫式部や清少納言が愛用した紙である可能性を探求しています。また、手漉き和紙の魅力や価値についても詳細に掘り下げられており、その貴重な歴史と素晴らしさを読者に伝えることを目指しています。

本書を手に取る読者は、日本の伝統的な手漉き和紙の美しさや重要性を再認識し、その素晴らしさを垣間見ることができるでしょう。戸田さんの情熱と研究成果を通じて、手漉き和紙が持つ文化的な遺産としての価値を理解することができるはずです。

この書籍は、和紙愛好者だけでなく、数多くの皆さんにお勧めしたい一冊です。

流通科学大学人間社会学　学部長　教授　西村典芳

【推薦】 豊富な歴史認識と郷土愛の「融合知」

現職時代の戸田善規さん（前・兵庫県町村会長、元・近畿町村会長）は、「全国町村会」の役員として、内閣府、総務省、厚労省、文科省との政策折衝を担当され、また国の審議会委員として「男女共同参画」や「地方分権改革」、「予防接種行政」などを先導されてきました。様々な機会を通して、広く地方の「生の声」を積極的に国に届けられた、正に『全国区の首長』のお一人です。

その戸田さんが『紫式部が愛した紙』を著されたと聞き、真っ先に拝読の機会を得ましたが、豊富な歴史認識と満ちあふれる郷土愛の「融合知」に、ただただ驚くばかりです。

全国の数多くの首長（市町村長）方とのご交誼を賜りましたが、このように「歴史に紐づけられた」素晴らしい書籍を著せる首長さんを他には知りません。読者に分かりやすいよう「物語風」にも工夫され、「章・節」が見事に整っており、執筆の意図が十分に伝わってくるのです。

仮説の立証過程からは納得度が高まり、読者は「なるほど……」と感じ入るのではないでしょうか。「椙原庄紙（杉原紙）」が今も漉かれている摂関家荘園（現・兵庫県多可町）を訪問してみたくなりました。

読み進むにつれ、自らの「平安史」もが蘇ってくる名著です。

久保雅（元・全国町村会 行政部長）

紫式部が愛した紙　藤原道長と「相原庄紙」　目次

装　丁　山田和寛（nipponia）
本文デザイン・図版　松好那名（matt's work）
校　正　株式会社ぷれす

1・記録と記憶に欠ける平安期

1　なぜ平安京と呼ばれたか

～鳴くよ　ウグイス　平安京～

桓武天皇が平安京に都を遷したのは延暦13年（794）のことです。『日本後記』によると、和気清麻呂が「水害に遭いやすい長岡京から、北側に位置していて高地であり、しかも水運の便の良い『山背国葛野郡宇太の地《やましろ　かどの》』に新京を造営してはどうか」と提唱したと記されています。

葛野郡は渡来系氏族の秦《はた》氏の根拠地でもあり、彼らの協力が得やすいことも、その大きな要因だったようです。

遷都直後に発せられた桓武天皇の10月の詔《みことのり》は……

「葛野の大宮の地は、山川麗しく、四方の国の百姓も参出来る事も便にして……」という言葉で始まります。

また次に出された11月の詔には、「山勢実に前聞にかなう。この国は山河襟帯し、自然に城を作す。この形勝に因んで新号を制すべし。宜しく山背の国を改めて、山城の国と為すべし。（中略）時に子来の民、謳歌の輩は、異句同辞に号して平安京という」とあります。

長岡京での失敗を踏まえて、今度こそとの思いが『平安京』に込められており、「新京楽、平安楽土、万年春」を祈念した名前なのです（『類聚国史』）。

平安時代は400年の長きに亘りましたが、残念ながらその間は記録と記憶に欠ける時代です。

写経では大量の紙が使われましたが、もともと文字文化が一部の階級だけに偏っていることや、記録素材が木簡から紙に換わっていくなかで、長期間の保存に耐え得る良質の紙の供給量が追いついていないことが大きな原因かと思われます。

よってこの時代を紐解くには、数少ない歴史書や日記、物語や歌集などを読み込んだうえで、より正確性を高めた推理と推測が欠かせないのです。

図表1_1　紫式部を巡る皇室・藤原氏の関係系図

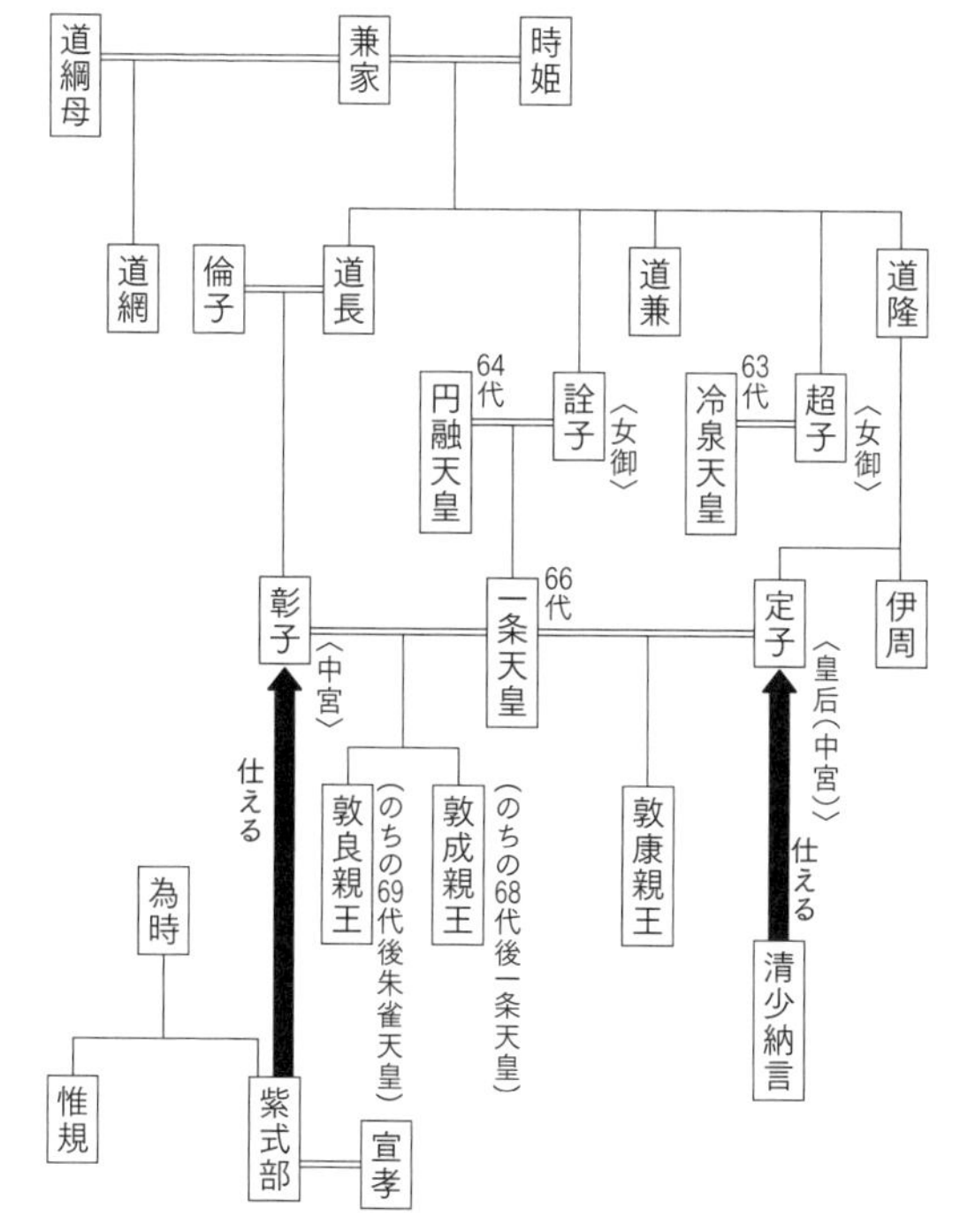

2　紫式部と父の藤原為時

平安期の女性の名前は、皇女、皇妃、皇子の乳母など公的な立場以外の人は伝わっていません。

中流・下流の貴族の女性は、父や夫の官職によって呼ばれています。「紫式部」という名も宮仕えをした時の女房としての呼び名で、「式部」は父の為時がかつて「式《しき》部丞《ぶのじょう》」であったことによります。『栄花物語』では彼女のことを、前半は「藤の式部」、後半は「紫式部」と記しています。

紫式部の父母の家系（図表1_1、1_2参照）を辿ると、ともに藤原冬嗣《ふゆつぐ》につながり、代々の先祖は歌人や学者であったことが分かっています。母は早くに亡くなっており、姉〔早世〕と弟〔兄かも〕の惟規《のぶのり》がいました。


紫式部は父の藤原為時の存在なくして語れません。

そこで為時について、少し詳しく触れてみます。

為時は中納言藤原兼輔の孫で、天暦3年（949）頃に生まれました。大学を出て文章生《もんじょうしょう》〔特待生となり、歴史・漢文学の両方を専攻した学生〕となり、初役職として「播磨権少掾《ごんのしょうじょう》」を務めています。

図表1_2　紫式部の父・為時は「北家」傍流の生まれ

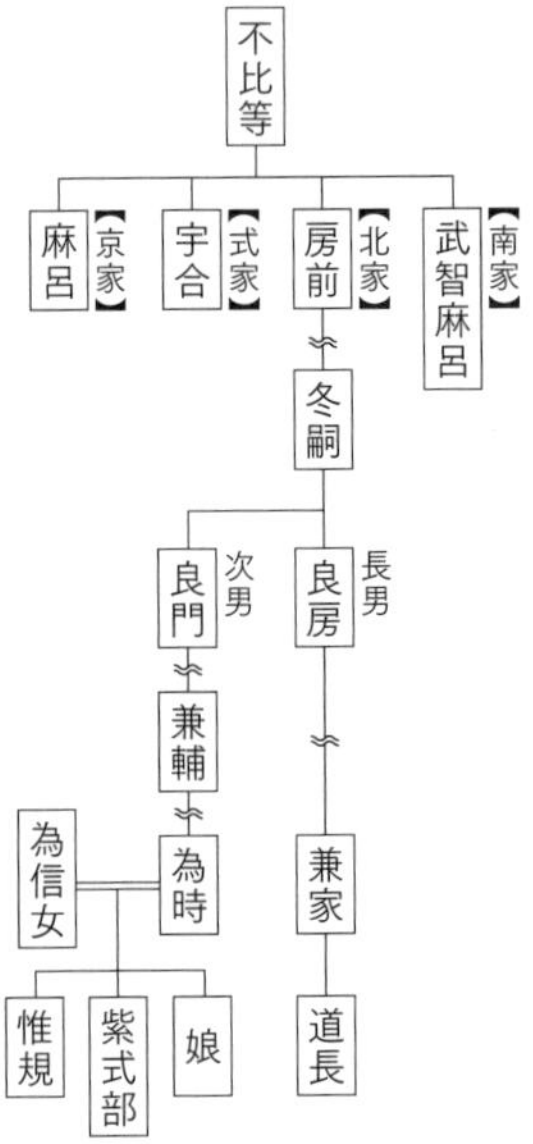

ここに播磨国府（国庁）と為時との関係が確認できます。この時から漢学者の為時は「播磨の紙」に接し、入手のルートを確保し、この料紙（＝素材としての紙）を

常用していた可能性が高いと私は考えています。

為時は花山天皇が東宮〔皇太子〕の時代から近く、その即位とともに式部丞〔従六位《じゅろくい》〕、続いて式部大丞〔正六位〕になりましたが、突然に天皇が出家して退位されてから、約10年間もの長きにわたって官位を失います。

しかし為時はこの間、一条朝の初期に漢文学の中心だった具平《ともひら》親王の周辺で文人としての名声を高めていきます。

長徳2年（996）の除目《じもく》でやっと淡路守に任じられましたが、淡路は小国なので不満に思って「申し文（奉状）」を提出しています。するとその文中にあった「苦学の寒夜、紅涙襟を霑ほす。除目の後朝、蒼天眼に有り」との秀句が道長から高い評価を受け、3日後に大国の越前守に変えられ、同年、為時は娘の紫式部を伴い、越前国に赴任していく運びとなるのです〔但し式部は1年で帰京〕。

その任期を終えた後も一条朝で文人として内裏の宴や作文会で詩を賦《ふ》し、藤原詮子〔一条帝の実母・東三条院・道長の姉〕の四十賀《しじゅうのが》には屏風和歌を献じるなどの活躍をしています。

その後、寛弘6年（1009）に左小弁、寛弘8年（1011）に越後守にも任じられました。十分な才能を有する藤原為時なのですが、儒家ではなかったために出世には恵まれたとはいえません。

その為時が息子の惟規に漢籍を教えていると、傍で聴いていた紫式部のほうがよく覚えるのを見て、「(式部が) 男の子でなかったのは不幸だ、二人が代わっておれば良かったのに……」と言ったとの記事が『紫式部日記』に出てきます。

漢学者の父の存在なくしては、漢籍に裏打ちされた紫式部の『源氏物語』が高く評価されることはなかったに違いありません。

紫式部の身の上ですが、為時に従って越前に下る前後に、藤原宣孝が式部に対し求婚の手紙を送ってきます。宣孝は正暦元年(990)に派手な格好で御岳詣をしたことが人目を引き、その後に筑前守になった官吏で、明るく闊達な性格であったことが知られています。宣孝は紫式部より15歳ほど年長で、多くの妻子があったようです。

長徳4年(998)に宣孝は右衛門権佐《ごんのすけ》として山城守を兼任することとなり、この頃に結婚したようで、しばらくして娘の賢子が生まれています(この賢子が後に後冷泉《ごれいぜい》天皇の乳母となる「大弐三位《だいにのさんみ》」です)。

しかし宣孝は、長保2年~3年(1000~1001)にかけて九州から都に入って大流行した疾病の犠牲となり、帰らぬ人となりました。式部は結婚して僅か3年足らずで、しかも幼い賢子を養うかたちで寡婦となったのです。おそらく式部は精神的に大きな打撃を受けて、自分自身の不運さを味わったことでしょう。

そんな状況下、救いがたい気持ちながら、少しでも前向きに生きようと、得意であった創作活動を開始し、鬱憤を晴らすような状態で書き始めたのが『源氏物語』だったと考えられます。

でも、式部はどのようにして貴重な紙を、しかも大量に、手に入れることができたのでしょうか。

『源氏物語』は長保4年（1002）頃から書き始められたと考えられます。その後の寛弘2年（1005）年末から紫式部は中宮彰子の元に出仕することとなります（1006年説あり）。仕える相手の彰子は藤原道長の長女で、一条天皇の中宮です。

3　中宮定子と「長徳の政変」

ここで一条天皇の皇后（中宮）「定子」についての説明を挟みます。

正暦元年（990）1月、藤原道隆（道長の長兄）の娘「定子」は一条天皇の元に入内し、同年10月に中宮となりました。

道隆は関白職に就いており、その一家は「中関《なかのかん》白家《ぱくけ》」（図表1_3参照）と呼ばれていました。

定子は一条天皇より3歳年上で、一条帝の寵愛

図表1_3

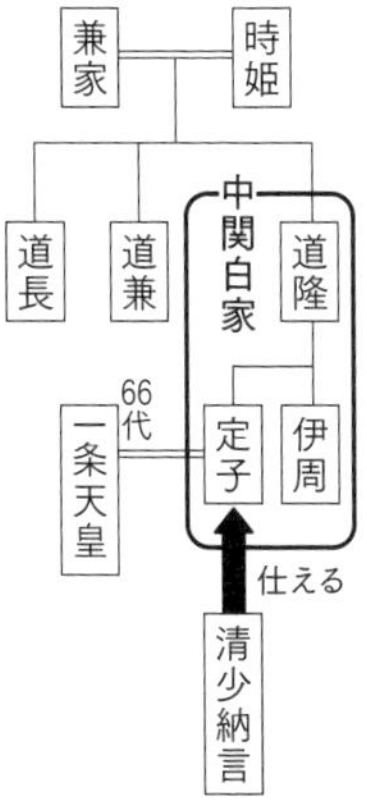

を一番受けた女性といわれています。

長徳元年（995）には道長の長兄道隆と次兄道兼が続けて没し、道長に内覧〔関白職に准じる職〕の宣旨が下ると、途端に道長と伊周《これちか》〔道隆の長男〕との間で熾烈な権力争いが起こりました。そんな状況下で起こったのが長徳2年（996）の「花山法皇奉射事件」です。伊周と隆家〔道隆の次男〕がこれに関与しており、流罪の勅命が下ります。

当事者たちの身内である中宮定子も落飾して出家同然の身に自分を置きますが、同年末に一条帝の長女の脩子《しゅうし》内親王を出産します。

この奉射事件を契機に「中関白家」の勢いは衰える一方で、道長の権勢は盤石となったかにみえましたが、その3年後の長保元年（999）に、定子は一条天皇の第一皇子の敦康《あつやす》親王を生むことになります（図表1_4参照）。

偶然にもその出産の5日前、一条天皇に入内したのが道長の長女の彰子〔12歳時〕であり、その彰子は3カ月後には中宮に上がります〔定子

図表1_4　皇室関係系図

＊数字は皇位継承順

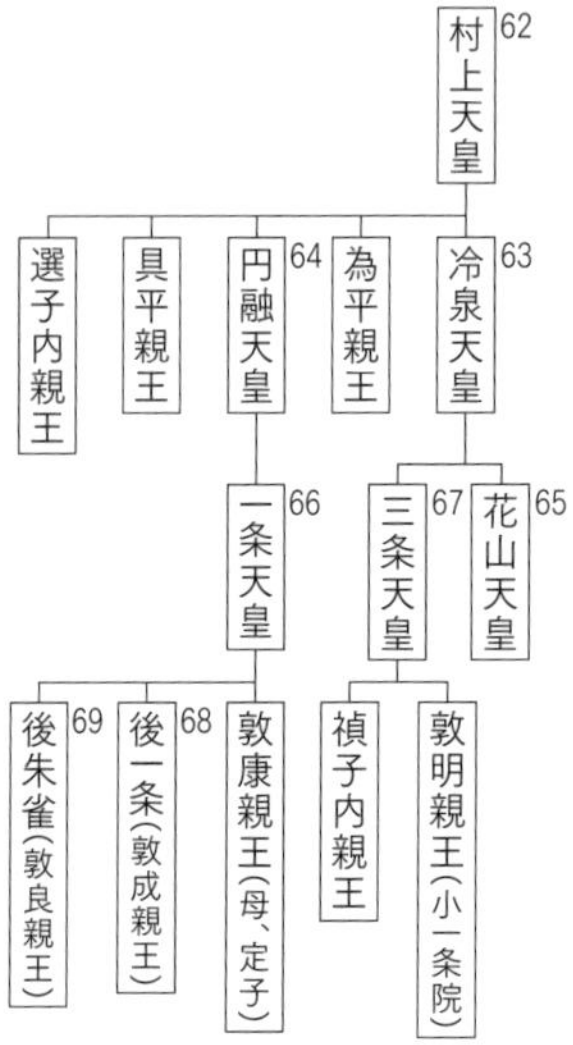

図表1_5　道長は一条天皇に彰子を入内させ
「一帝二后」を成立させる

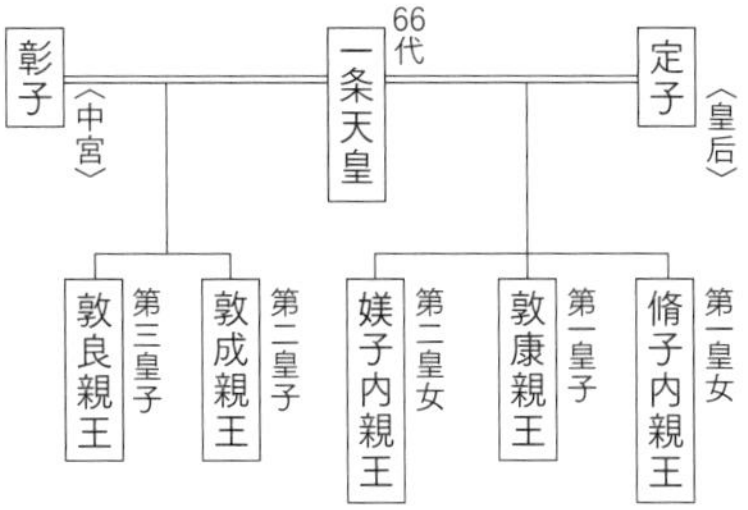

は皇后になります」。

ここに「一帝二后《いっていにこう》」冊立の状態（図表1_5参照）が生まれ、後宮《こうきゅう》〔皇后や中宮などが住む奥向きの宮殿〕も宮廷も大混乱することとなるのです。この前後の時期を通して、定子の後宮と彰子の後宮が激しく対立していたであろうことは容易に想像できます。

しかし、一方の皇后定子は同年末に一条天皇の次女となる媄子内《びしない》親王を出産した後に亡くなるのです。

4　彰子後宮への紫式部の出仕

皇后定子は没しましたが、中宮彰子をはじめ、どの女御《にょうご》たちも一条天皇からの寵愛が受けられない状態がしばらく続いたようです。

この間のこと、公卿や宮廷官僚たちは「定子の後宮は明るく賑やかで、清少納言など才女が揃っていたが、中宮彰子の後宮は才女もおらず、劣って見える」などと話していることが彰子や道長周辺にも伝わっていきます。

一条天皇の関心を引きたいと強く願っていた彰子と道長周辺は、これらの声をどう受け止めたでしょうか。中宮彰子の後宮の質的な充実を図るため、多くの才女を配すことを特に父親の道長は願ったのではないでしょうか。

ちょうどこの頃には、朝廷や貴族の間で男女を問わず『源氏物語』の評判が高まり、作者である紫式部の才能が高く評価され始めていた時期です。道長が紫式部の才能に注目しないはずがありません。

先述の通り、紫式部が中宮彰子の女房として出仕したのは寛弘2年（1005）の年末といわれていますが、宣孝の死去後、しばらくして執筆を始めたとすれば、この頃までに『源氏物語』の前半編はでき上がっていたことになります。

その後の敦成《あつひら》親王誕生50日祝賀会の宴席で、酔った有力公家の藤原公任《きんとう》が「若紫」の巻を読んでいて発言したと思われる記事が「日記」や「絵巻」にも出てきますし、驚くことに、女御たちが『源氏物語』を読むのを聞いていた一条天皇が「（この作者は）日本紀をこそ読みたるべけれ」と称賛したという記録も載っているのです。

紫式部はしばらく出仕したものの、後宮での仕事には適していないと自ら判断して出仕をためらい実家に籠っていたと日記には書かれていますが、実際は物語の執筆にあたっていたものと思われます。

その後、寛弘5年（1008）夏には再度出仕して、中宮彰子に『白氏文集』を進講しています。

同年9月の彰子〔21歳時〕の出産においては、道長から特に詳細な記録の執筆を頼まれ一条天皇の第二皇子「敦成親王」誕生の様子をこと細かに『紫式部日記』に記しているのです。記録に欠ける平安時代に、これだけ詳しい親王誕生の記録が残っていることに驚きを隠せませんが、道長は紫式部に記述させた、道長自身の初孫誕生の際の記録文を一条天皇にも見せ、喜びを分かち合ったものと思われます。

さらに同年11月、道長から大量の紙を贈られた中宮彰子と紫式部は、冊子〔後述〕を制作して一条天皇に献じようとしています。この冊子は『源氏物語』の後半編〔新刊〕と考えられます。

先にも記しましたが、一条帝は『源氏物語』を単なる恋愛の物語とは見ず、『日本書紀』など六国史を学んだ者がその知識を背景に記した一級の書物と捉えていたはずで、そのことを理解している中宮彰子だからこそ、新本の冊子の制作を思い立ったのでしょう。

そして、その冊子づくりを全面的に支援したのが道長だったのです。

5　源氏は「次元の高い物語」

『源氏物語』や『枕草子』などから受ける平安貴族たちの印象は、特権意識を持った数少ない高級貴族と呼ばれる人たちが、国の富を私物化し、遊興と恋愛にうつつをぬかし、ぶらぶら過ごしている存在……ぐらいのものではありませんか。

でも、それは皆が当時の女流文学作品の中に出てくる男性貴族たちを頭に描いているからで、その象徴が紫式部が描いた「光源氏」の姿ではなかったでしょうか。

一般の読者層は、貴族のみんなが「光源氏」と同じような生活をしていると想像しているからなのですが、実際は決してそうではなかったようです。

これらの物語文学の読者には女性が多く、政務や儀式、律令や政争のことを記しても、まったく関心が持たれないという当時の時代背景を考えなければなりません。

では、なぜ『源氏物語』は世界史的な水準の文学と評価されるのでしょうか。

不思議に思われる方もおいででしょうが、実は、その記述内容に漢文学や中国文化の影響があらわれているから優れた文学として高い評価を受けている、との見方が大勢を占めています。

代表例として『源氏物語』の研究者で国文学者の西郷信綱の文章を引用します（『新古今の世界』）。

たとえば白氏文集や史記に代表される中国文化への深い理解がなかったとしたら、紫式部はおそらく今あるような源氏物語をかけなかったと考えざるを得ない。よくいわれることだが、白楽天の長恨歌が「桐壺」の巻の下敷きになっているとかいないとかいったような皮相な、筋立てや語句の上での影響の問題としてではなく、もっと根本的に作品の文学的な質や構想力そのものの問題としてそうだと思うのである。逆にいえばそれは、もし紫式部が中国文化への、当時の並の女とは違う飛び抜けた素養を持たず、女流文学の伝統に寄り添うだけであったならば、彼女の作も蜻蛉日記や和泉式部日記程度の、つまり客観的なロマンとしての骨格の弱い日記文学の域を抜け出ることは不可能であっただろうということである。

西郷はこのように記して、漢文学と中国文化を十分理解したうえで記された「次元の高い物語」であるとし、『源氏物語』を高く評価しているのです。
先にも記しましたが、一条天皇も同様の評価をされていたと思われます。
中宮彰子は一条天皇の関心事への理解を深めようとして、自らが頼んで紫式部から「漢籍」

の講義を受けるようになります。

その後、中宮彰子の主導のもとに、後宮における『源氏物語』の「冊子づくり」へとつながっていくのです。


『源氏物語』の書かれた当時の状況と「冊子づくり」の背景について確認してみました。『源氏物語』は「木簡」ではなく、当時は極めて貴重といわれた「紙」に書かれています。

さて『源氏物語』の浄書本《じょうしょぼん》は、どこの産地の、どんな種類の紙に書かれたのでしょうか。

2・「清少納言」と「紫式部」

1　清少納言と『枕草子』

草子に「元輔がのちといわるる君しもや」と名指しされているところから、清少納言が歌人「清原元輔《もとすけ》」の娘であることは明らかですが、その詳細は伝わっていません。

和歌には負い目があると記している彼女ですが、すばやく気転のきく頭脳とその回転によって披露される豊富な知識が宮仕えにより輝きを増し、その成果品が随筆集の『枕草子』だと考えられます。清少納言の奉仕先が「評判の良い女性たちが宮使いに招かれている」と噂された中宮定子の後宮であったことも彼女に幸いしているように思います。

定子の父は「中関白家」と呼ばれる権力者の関白・藤原道隆であり、その妻の貴子は高階氏〔学者の家〕の出で、当時は男性独占の「漢籍」を女性ながら操れる優れた頭脳の持ち主でした。定子はその母親ゆずりの知識を有していたといわれています。

中宮定子と清少納言は、互いに気心が分かり合えた関係だったと思われます。

定子の後宮は知的教養を背景とした後宮文化が存分に育っており、「長徳の政変」まで、清少納言は居心地の良い時期を過ごしたに違いありません。「中関白家」の勢いが陰り始めた苦難の時にも、持ち前の明るさで中宮定子を支えていく姿が想像され、『枕草子』を明るく輝かせているようにも思えるのです。

清少納言は紙について次のように記しています。

薄様、色紙は白き。紫。赤き。刈安染。青きもよし。

硯の箱は重ねの蒔絵に雲鳥の紋。筆は冬毛。使うもみめよし。兎の毛。

陸奥紙、ただのも、よき得たる。

はずかしき人の、歌の元末とひたるに、ふと覚えたる、

我ながらうれし。

つねにおぼえたる事も、又ひとのとふに、きよう忘れて

やみぬるおりぞおほかる。　頓にてもとむるもの、見いでたる。

テンポの良い言い回しと読み手を飽きさせない言葉遣いが魅力的です。

2 伊周《これちか》が一条天皇に贈った「極上の紙」

『枕草子』には「長徳の政変」の直後、清少納言が実家に引きこもった時期のことも、次のように記されています。

清少納言のもとに贈り物が届いた。「極上の紙」である。定子からの「早く出ておいで」という手紙が添えられていた。その紙を「草子」に作りなどして騒いでいるうちに、塞いでいた気が晴れてしまった……。

と訳されています。

跋文（あとがき）には『枕草子』の誕生秘話が書かれています。

内大臣の伊周様（藤原伊周は道隆の嫡男で中宮定子の実兄）が中宮様に紙を献上された。中宮様が「これに何を書けばよいかしら。（内大臣は）帝にも差し上げたようで、帝側では『史記』という漢籍を写しておられるようよ」とおっしゃった。言葉尻をとらえ「なら『枕』でございましょう」と私が申したところ、「では、お前が紙を受け取りなさい」と言って、私にその紙を下さった。

これによって『枕草子』は、内大臣の藤原伊周が一条天皇と皇后定子の二人に献上した「極上の献上紙」に書かれたことが分かります。

引用文の中で、筆者が気になっているのは「紙」についての記述です。

＊清少納言の元に中宮定子から届いた「極上の紙」

＊内大臣伊周が中宮定子だけでなく、天皇にも「献上した紙」

平安京で漉かれている「紙屋紙（官立製紙所で漉いた紙。専ら官用）」なら清少納言は見慣れているはずですし、その紙は「天皇」に特別に献上するような紙ではありません。

高級檀紙《だんし》（楮《こうぞ》を主原料とする上質の和紙）の「陸奥紙《みちのくがみ》」は品質は良いのでしょうが、少し厚手なので通常の文書を何百枚も書写するには適した紙ではありません。

この当時、都には「陸奥紙」と「但馬紙」が入っており、京都貴顕《きけん》の間で使われていたとの記録があります。

『枕草子』に見える清少納言が記した「極上の紙」、天皇に「献上した紙」とは、いったい、どこの産紙だったのでしょう。

3　源氏〔新本〕の冊子を作りたる紙

＝『紫式部日記』寛弘６年（１００９）11月＝

次は先にも触れた、中宮還啓前の大掛かりな「冊子づくり」に関する紫式部の記述です。

入らせたまふべきことも近うなりぬれぞ、人々はうちつぎつつ心のどかならぬに、御前には御冊子つくりいとなませたまふとて、明けたれば、まず向かひさぶらひて、色々の紙えりととのへて、物語の本ども添えつつ、所々に文書きくばる。かつは綴ぢあつめしたたむを役にて明かし暮らす。

＝訳文＝

夜が明けると何はさておき中宮様の御前に参上し、様々な色の紙を選び整え、物語の原稿と清書依頼の手紙を添えて、各所に配る。その一方では、清書して返送されてきた完成頁を綴じ合わせ、一冊の本に仕上げる。それを仕事にして夜を明かす。

彰子と紫式部は、用紙選びや書写の依頼、製本の作業などもやりながら、一日中この冊子制作の仕事にあたったようです。彰子と紫式部は手もとの本を母体に、数人に分担させて清書させ、新しい豪華本を作ったのです。

その作業の時、中宮彰子と紫式部は常に一緒に作業場にいました。道長はその場所を訪ねるのを楽しみにしていたに違いありません。

「なぞの子持ちか、つめたきにかかるわざはせさまえたまふ」と聞こえたふものから、よき薄様ども筆墨などもてまゐりたまひつつ、御硯をさへもてまゐたまへれば、〔中宮が〕とらせたまへるを、〔殿は〕惜しみののしりて「もののぐにて向かひさぶらひて、かかるわざし出づ」とさいなむ。されぞ、よきすみつき・筆など賜はせたり。

＝訳文＝

「どうして子持ちの方（中宮のこと）がこんな冷たいのにこんな仕事をなさるのか」とおっしゃりながらも、道長様は上等な薄様紙や筆や墨など、それに硯までお持ちになった。中宮様がそれを私にくださると、道長様はもったいないと騒いで、「お前という奴は、うわべはきちんとかしこまりながら、ちゃっかりこんな贅沢な貰い物をしおる」と「いけず」を言う。とはいえ、結局は豪華な品々をくださるのだった。

彰子と敦成の内裏参入の日が近くなる折のこと、彰子の主導で『源氏物語』の書写と冊子づくりが大規模に行われたことが分かります。きっと還幸《かんこう》に際して、一条天皇へのお土産としたかったのでしょう。

道長は上等の薄様の紙、筆や墨、硯まで、何度かに亘って調達しています。「〔殿は〕惜しみののしりて」との記述があり、道長が冗談まじりに冊子づくりの作業をからかっている模様も見てとれ、『源氏物語』に対する道長の想い入れの深さと援助の力強さが伝わってくる記事となっています。

なお、この冊子が『源氏物語』の「新本」であることは、現在、研究者の間では異論なく認められているようです。

4　『源氏物語』は道長の要請か

日記はさらに続きます。

局に、物語の本どもとりにやりて隠しおきたるを、御前にあるほどに、やおらおはしまいて、あさらせたまひて、みな内侍の監の殿にたてまつりたまひてけり。よろしう書きかへしたりしは、みなひき失ひて、心もとなき名をぞとりはべりけなむかし。

＝訳文＝

源氏物語の新作を里へ取りにやって、自分の局に隠しておいたのを、私が彰子様と一緒にいる時に、道長様がそっとおいでになってお探しになり、それをそのまま内侍（道長の次女妍子、中宮彰子の同母妹、後の三条天皇の中宮）のお世話役の長官に献上されてしまわれた。どうにか読める程度に清書をしていたつもりだが、よろしくないのが伝わってあまり芳しい評判ではなかったであろう。

これら日記の流れから読み解くと、隠しておいた物語は未発表作品ということになり、内侍の監の殿のもとで、後日に同じように、道長が提供した「極上の紙」に書かれ、後にこれもまた冊子とされたはずです。

この後日の新作が「宇治十帖」ではなかったかと推測するのですが、いかがでしょうか。

平安時代研究の第一人者、倉本一宏氏は「平安王朝最強の実力者である道長は世界文学の大傑作『源氏物語』の誕生にいかに関わったか」との問いを立てています。

そして「『源氏物語』という物語は、紫式部が初めから道長に執筆を依頼され、料紙などの提供を受け、基本的骨格についての見通しを付けて起筆したものと推定される。道長の目的はこの物語を一条天皇に見せること、そしてそれを彰子への寵愛につなげることであった」と結論づけています。

私も同意見で、この章をまとめるのに適した記述だと思いましたので、その著書『増補版藤原道長の権力と欲望~紫式部の時代~』にある記述を引用させてもらいました。

さて、道長が関わったこの大掛かりな『源氏物語』の冊子づくりですが、道長から大量に配給されて使われた「良き薄様」と形容された「極上の料紙」は、いったい、どこの産紙だったのでしょうか。

3・藤原道長と『御堂関白記《みどうかんぱくき》』

図表3_1　藤原道長の子女

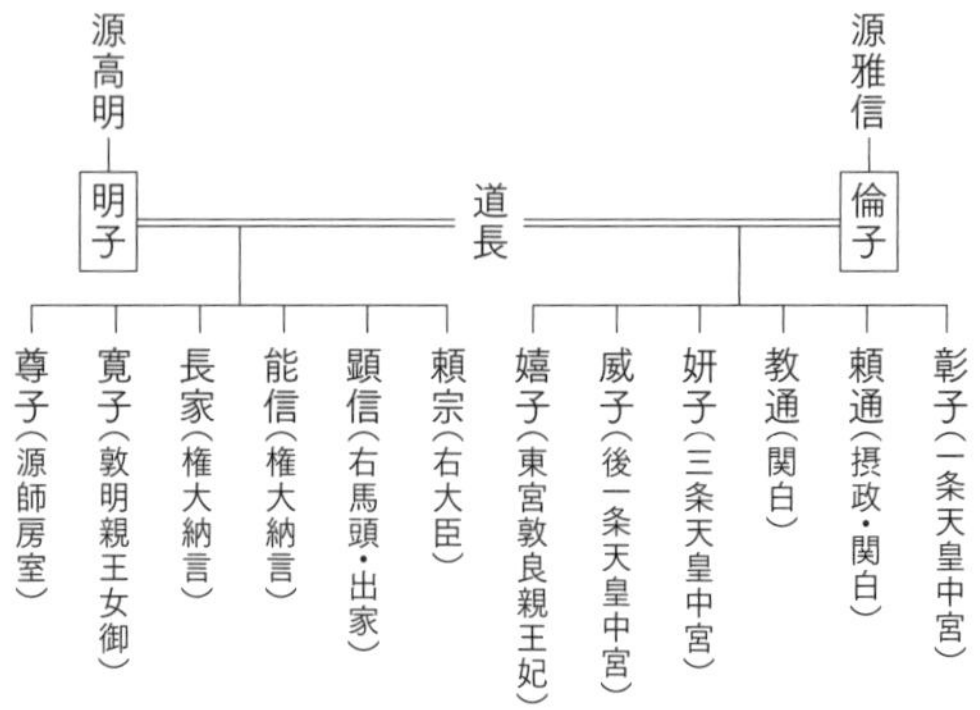

1　摂関政治の最盛期を築いた「道長」

『御堂関白記』は摂関政治の最盛期を築いた藤原道長の日記で、自筆本が現存する世界最古の日記として知られています。

道長は藤原兼家の五男として康保3年（966）に生まれています。母は藤原中正の娘の時姫です〔道長は時姫腹三男〕。道長の正妻は源雅信〔宇多天皇の孫〕娘の倫子で、もう一人の妻は源高明〔醍醐天皇の子〕娘の明子です（図表3_1参照）。

道長は兼家が摂政となった後に頭角を現し、長徳元年（995）30歳の時に、長兄道隆、次兄道兼の病死により、一条天皇の内覧となり、政権の座に就きました。長兄道隆の嫡男「伊周」との熾烈な政権争いに勝利しましたが、これには実姉「詮子（一条天皇の実母・東三条院）」の助力が大きかったと伝わっています。

その後も伊周との暗闘は続き、「長徳の政変（花山法皇奉射事件）」で伊周が失脚した後には目立った政敵はなく、道長は、右大臣、次いで左大臣に任じられ、内覧と太政官一上《いちのかみ》（最高行政機関の主宰者）の地位に長らく留まります。

後継となる東宮（皇太子）を巡っての一条天皇との間での微妙な応酬や、三条天皇との確執もありましたが、倫子腹の女性、彰子・妍子・威子を、それぞれ一条帝・三条帝・後一条帝の中宮として立て、『一家三后』（図表3_2参照）を成し遂げ、摂関政治の最盛期を築きました。「威子」が入内した直後、寛仁2年（1018）10月16日の祝いの宴席で道長が詠んだのが有名な「望月の歌」です。

図表3_2　道長は未曾有の「一家三后」を成し遂げた

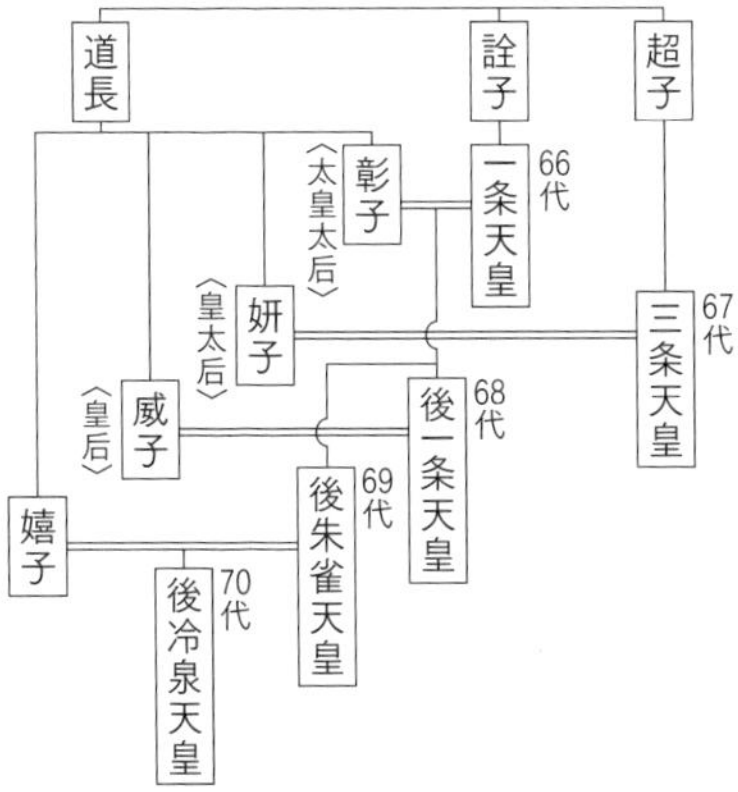

　この世をばわが世とも思う望月の欠けたる
こともなしと思えば

道長は長和5年（1016）に後一条天皇の摂政となり、翌寛仁元年（1017）には、その職を嫡男「頼通」に譲って、太政大臣に就いています〔辞官は翌年〕。寛仁3年（1019）に出家して政治から身を引いた後は、法成寺を建立するなど、極楽往生を願う日々が続きました。

没年は万寿4年（1027）で、62歳での薨去《こうきょ》でした。

2　道長が日記に書いた「紙」の記述

藤原道長の『御堂関白記』には「紙」についての記述が頻繁に出てきます。

○寛弘3年（1006）4月の記述は「紙」が連続して書かれた例です。

4日　乙亥　源兼澄朝臣が、書2000巻ほど献上してきた。

5日　丙子　播磨守（藤原陳政）が、家にある（大江）朝綱の書3500巻を持ってきた。

7日　戊寅　三位中将（藤原兼隆）が書1000巻ほどを持ってきた。

8日　己卯　清涼殿の御灌仏会があった。布施として紙を用いた。大臣が5帖、納言が4

帖、四位と五位が2帖、六位が1帖を出した。

○寛弘3年（1006）8月には「冊子」を献上しています。

6日丙子 内裏に参った。『白氏文集抄』と『扶桑集』の小冊子を天皇に献上した。晩方、退出した。

○寛弘6年（1009）12月の「皇子敦良七夜の産養」の記述です。

2日壬午 太内〔一条天皇〕の主宰される七夜の御産養が有った。勅使は左近少将〔藤原忠常〕であった。

中宮〔彰子〕の御前の食膳があった。公卿と侍従の饗宴もあった。蔵人所が大褂17・白い絹120疋・綿500頓・信濃布500端・紙600帖を調達した。～中略～

数献の宴飲の後、賭物として紙を置いた。天皇から賜った紙は、甚だ劣ったものであったので、私から陸奥紙を出した。

道長の日記には、このように紙に関する記述が随所に出てきます。いずれの記述からも「紙」が当時の貴重品であることが分かります。

さらに寛弘6年（1009）12月の「私から陸奥紙を出した」という記述からは、道長は普段から天皇よりも良い紙を使っていることが分かります。

加えて「陸奥紙」については、陸奥の土産として貰って喜んで書いたと思われる記述が他の年月日に何度か出てくることから、摂関家（道長）が常用している紙は（土産品として貰う）陸奥紙ではないことも読み取れます。

「陸奥紙」について、『大鏡』の記述にも触れておきます。

村上天皇の治世で、左大臣の師尹《もろただ》の娘〔芳子・宣耀殿女御〕についての記事ですから、時代は960年頃にまで遡ります。

＝訳文のみ＝

芳子さまは参内しようと御車に乗られても御髪の端はまだ母屋の柱のもとにおありでした。その御髪の一筋を丸くわがねて陸奥紙の上においたところ少しの白い隙間が見えなかったと申し伝えています。

この頃に都で〔特に女性貴族に〕人気のあった「陸奥紙」の名前は『枕草子』にも『源氏物語』にも登場します。高級檀紙の「陸奥紙」は良質なのですが、公文書や長文の物語を書く用紙としては適していなかったと思われます。

では最高権力者の藤原道長はどこの産紙を使っていたのでしょうか。

皇室や宮廷官僚たちは紙屋院〔官製の製紙場〕の紙と美濃の紙なのですが、藤原家は〔特に皇室とは何かにつけ明確に区分して〕別の紙を使っているのです。

寛弘6年（1009）の日記に「天皇から賜った紙は、甚だ劣ったものであった」と道長は書いていますから、当時の紙屋紙や美濃紙は、道長が普段使っている紙よりも質が劣っていることになります。

道長は「私は漢詩づくりと字を書くのは得手ではない」と文書に書き残していますが、『御堂関白記』それ自体は、どんな紙に書かれたのでしょうか。

4・我が国の紙漉きの始まり

1　和紙産地の立地要件

「渓谷の深い山村ほど良い紙が漉かれるのが、日本全土を通じての和紙の法則である」――。これは有名な和紙研究者の寿岳文章《じゅがくぶんしょう》が著書『和紙落葉抄』に記している言葉です。江戸時代の農学者の大蔵永堂はその著『紙漉必要』の中で、紙を漉くには「山川の清き流れありて、泥気なく小石にて浅く滞りなく流るる川の浄地を佳し」とし、その場所の「水によりて紙の善悪あれば、水見立てること第一なり」と記しています。

この章では良質の紙ができる和紙産地の立地要件について考えてみます。

初夏に蛍がたくさん飛ぶところ……これも目に見えて分かる要件です。

つまり綺麗な水（軟水）が切れ目なく流れている山間緑地で、川の水に原料を晒した時に、その水が冷たければ冷たいほど、白い紙ができます。

また和紙の原料となる楮や雁皮《がんぴ》がたくさん採れるところ、もしくはそれらを大量に収集しやすい場所が適地となります。楮は自生のものもありますが、栽培して増やすことも可能です。雁皮は自生のみです。糊剤となる類の植物も必要となってきます。

なお、ミツマタは紙の素材としては新しい種類ですので、平安期には利用されておらず、江戸期から専ら薄様紙の半紙などに利用されることとなります。

最高品質の紙を漉くとすれば、当然そこには図書寮《ずしょりょう》で指導にあたる紙工に優るとも劣らない最高の技能と技術が必要となります。

我が国の上代〔主として奈良時代。遅くとも平安中期以前〕において、品質の良し悪しと産出量の多寡を論じなければ、要件さえ満たせば、生産できなかった土地はないといえますが、ただ、地域により紙漉き技術の伝播の時期に異なりが見られます。

奈良時代から、全国各地の国府や郡庁で戸籍簿や官公紙として漉かれ、また調《ちょう》〔令制で租税の一つ。男子に賦課される人頭税。絹、絁、糸、綿、布のうちの一種を納めた〕や、中男作物《ちゅうなんさくもつ》〔17~20歳の男子が租税として納める作物〕として、生産紙また楮・雁皮など原料が都に送られています。

農業の主力は水田の開発と活用なのですが、和紙の産地は水田が少ない山間地の畑作型農業地を中心にマダラ模様の展開をしていきます。

いつから我が国で製紙が行われたか、年代は定かではありませんが、その技術は大陸から伝来されたというのが定説です。朝鮮半島を経由したと考えられますので、渡来人による紙漉き技術がまず九州北部や日本海側の諸国に伝わり、全国に拡がったものと思われます。

推古天皇18年（610）に「高句麗から来た曇徴が絵具・紙・墨・碾磑（水車によって動かす臼。水碓）などをつくる」と『日本書紀』に記されているのが、我が国での製紙にかかる最初の記録です。

しかしこれは優れた高句麗製紙技法が伝わり、従来の技法に改良が加えられたと解するのが適当で、大陸からの製紙技法は、もっと早い時期に「海上の道」を通して九州や日本海沿岸の諸国に伝来していたのです。

2 紙漉きは古墳時代に伝わった

まず『和紙三昧《ざんまい》』に記載がある人間国宝「紙匠」の安部栄四郎（出雲民藝紙）の言葉をそのまま引用します。

図表4_1

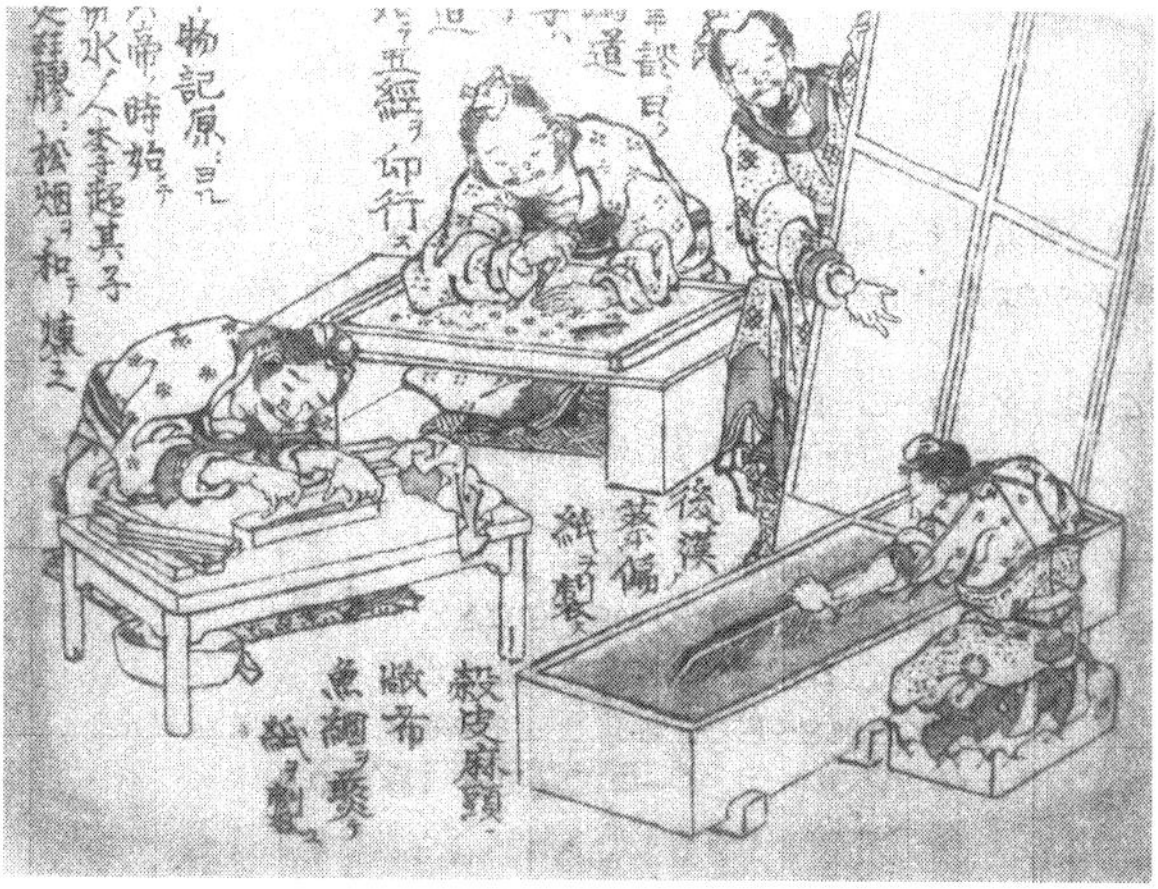

後漢の祭倫は紙を製造した。楮の樹皮、麻の繊維、布の細片、漁網などを煮て紙をつくった。

「正確な史料はないが、曇徴の来貢以前にも、あるいは出雲あたりへ、高麗の抄法が伝わったのではないか」と浜田徳太郎は記している〔「紙 ~種類と歴史~」〕が、事実、今回、正倉院の紙を調べた結果からみても、出雲地方の紙はかなり優秀で、従来私が考えていた以上に歴史は古いようである。いずれにしても製紙の技術は外から伝わったものではあるが、日本は気候風土の関係で優秀な原料が得られるうえに、文化性に富んだ日本人の技術と感覚によって、本家を遥かに凌ぐ『紙のメッカ』になったわけである。

安部は昭和35~37年に「正倉院の紙」の

総合調査（責任者は寿岳文章）を行ったメンバーの一人です。

また和紙研究者で同じく「正倉院の紙」の総合調査にあたった町田誠之も著書『和紙の伝統』の中で、次のように述べています。

紙は中国大陸の黄河の流域に発生した文化圏で、西漢（前漢）の時代に創造されたが、それから数世紀を経たころに、朝鮮半島を経て日本のどこかにもたらされた。5世紀か6世紀にかけて、近畿地方の大和盆地を中心に統一国家が形成され、飛鳥に都が築かれたころには、飛鳥川のほとりに原始的な紙漉き小屋も立っていた。8世紀に奈良の平城京に遷都されてからは、佐保川の近くに官立の造紙所として紙屋院も開所された。

さらに、町田は「書写用の紙をつくったのは蔡倫《さいりん》のようである。紙が朝鮮半島から日本へ伝えられたのは、多分4世紀乃至5世紀の、いわゆる古墳時代と考えられる」と基調講演で話しています（国際シンポジュウム1995京都「遥かな紙の道」）。

「紙漉き」は、古墳時代には日本へ伝わっているとの説です（図表4_1参照）。

3 「出雲の紙」は大和政権に葬られた

「出雲の紙」について、興味深い説を紹介しておきます。

歴史作家の井沢元彦氏の説で「紙があると歴史・文化が残せる」というものです。ですから出雲の歴史を消そうとして「大和政権は、出雲にあった和紙の製紙を潰した、出雲系の和紙産地をなくしてしまった」と彼は説くのです。

また「インダス文明にも文字はあるが四大文明の中で唯一未解読だ。この文明を築いた人々は、今のインドで最下層のカーストにいる。アーリア人の侵略があって奴隷の地位に落とされ、文字を始め、すべての文化を破壊されて、今に至っている」と同類の事実を論じています。

私は井沢説と同意見であり、大和朝廷の時の政権は、出雲を歴史面からだけでなく、精神文化面においても完全に跡を断ち、殲滅しておこうと考えたのだと思っています。

昭和58年（1983）に「荒神谷遺跡《こうじんだに》」（出雲市斐川町神庭）が発見されましたが、その分析調査が終わるまで、出雲は「神話」として扱われてきたのです。

著名な哲学者で、これまで古代史の通説に挑戦して従前からの論を覆してきた梅原猛が昭和56年（1981）に『神々の流竄《るざん》』において主張したのも「出雲神話なるものは大和に伝わった神話を出雲に仮託《かたく》したもの」との論でした。

しかしその梅原が、荒神谷遺跡の解析後にあえて自説を否定し、平成24年（２０１２）に猛省を込めて『葬られた王朝～古代出雲の謎を解く～』を著したのです。かの梅原猛でさえ、大和政権の策士の術中に嵌っていたことになるのです。

「出雲学」にまで話が飛びましたが、私がお伝えしたいのは「賀美郷の紙漉き技術は、その出雲から青銅や鉄器とともに播磨の最北地である多可郡に伝わってきていた可能性が高い」という見解です。

また上代においては、播磨と丹波の境界が定まっておらず、多可郡賀美郷は大丹波〈但馬、丹後を含む丹波。タニワ国〉に属していたという史実です。

４　紙祖神は女性の「彌都波能賣命《みずはどめのみこと》」

上代から、和紙の産地といわれる地域には共通の神様が祀られています。

一番よく知られているのは、福井県越前市の紙祖神「岡太神社」「大滝神社」かもしれません。

歴史の上では「岡太神社」のほうが古いとされ、今より１５００年ほど前、この里に紙漉きの業を伝えた女神「川上御前」が紙祖の神として祀られています。

一方の「大滝神社」は推古天皇の御代（592〜628）に大伴連大滝の勧請に始まり、養老3年（719）にこの地を訪れた泰澄大師が産土神である川上御前を守護神、主祭神を国常立命と伊弉諾尊とし、十一面観世音菩薩を本地とする神仏習合の社として建立されたといわれています。

播磨国の南部（印南郡生石村）でも「聖徳太子の妹が紙漉きを教えた」との言い伝えが、地志『播磨鑑《はりまかがみ》』に載っています。

紙漉きを伝えたのは、どこの紙産地でも女性の神様のようです。

川上御前は水の神様でもあり、「彌都波能賣命《みずはどめのみこと》」の名前で祀られているところが多くあります。

実は播磨国・多可郡賀美郷《かみのさと》の紙産地にも「彌都波能賣命」が主祭神として祀られている「河上神社」があります。もちろん賀美郷（杉原谷《すぎはらだに》）における紙漉きの中心地（轟集落《とどろき》）に鎮座しています。

5　上代における製紙業の発展

我が国の製紙業は仏教文化の開花期たる天平時代に飛躍的に進展しましたが、その要因は「写経事業」の盛行と全国的規模での「戸籍簿」の作成にかかる紙需要の増大にあります。

この時代に製紙業の指導にあたり、大きな役割を果たしていたのは大和政権の「図書寮」で、国をあげて官営製紙業の振興が計られていたのです。国府や郡庁には、その規模に応じた紙工の定数が割り当てられています。

また同時期、官営の製紙とは別に、山背国〔現在の京都府中南部の旧国名。大和国〔奈良県〕の背後にあるところから山背と記したが、平安遷都により「山城」と改定〕に50戸の「紙《かみ》戸《こ》〔律令制で中務省図書寮に属し、紙の製造に従事した雑戸〕」が存し、農閑期に紙漉きをしていたとの記録があります。

なお、この「紙戸」は各種の技術や技能に秀でた渡来人の特殊工人グループの「秦氏一族」と考えられます。この秦氏一族は山背国の「深草《ふかくさ》」と「葛野《かどの》」を拠点にして活動していました。首都の大和で官営製紙が盛んになり、数ある地方出先官庁の「紙工」の指導ができ、また地方の一部地域では山背国に見るような「民間〔農民〕製紙」の発芽期を迎えていたのです。

なおこの時代における紙の生産地は、紙の需要面から考えて、首都や国府などの政治・行政の中心地か、大きな神社仏閣の周辺地であったでしょう。特に「写経事業」が行われる寺院は大量の紙を必要としたため、寺社に付随した製紙が行われていたとも考えられます。

しかし紙の需要が伸びるとともに、量にも増して、質の良し悪しが求められ、良質な紙の漉ける立地条件に見合った場所にだけ「紙の産地」が形成され発展していきます。

正倉院文書から当時の国別の紙産地が分かります。

列記すると、常陸、上総、下野、信濃、越後、越前、遠江、美濃、尾張、近江、伊賀、丹後、播磨、紀伊、美作、出雲、阿波、筑後の諸国となります。関東や近畿が多いように見えますが、紙漉きを主導した官営製紙の図書寮と、民営紙業を拡げた特殊工人〔秦氏一族〕との関連性に起因すると考えます。

もう一つの視点は原料と産地形成の観点です。

この当時の紙は楮紙よりも麻紙のほうが多く、原料立地型生産の面からは麻が大量に確保しやすかった東日本が生産適地になったと考えられるのです。

しかし原料の麻は、楮や雁皮に比べると作業効率が上がらないことから、次第に紙の主流は楮の紙に移行していきます。

6　未開発地を利用した民間の製紙業

さらに別の視点もあります。

水質と原料などの紙漉き立地の自然的な条件を満たすが、稲作（水田）ができない未開発の土地を活用する方法です。未開発地ですから、その地域には人は多く住んでいません。

繰り返しますが、当時の紙漉きの主は官業の図書寮です。官業で独占的であることから、生産性が劣り、民業に比べると閉鎖的で向上心に欠けるのは、昔も今も同じなのかもしれません。

民間大手の製紙業者であるならば、どうするでしょうか。

好条件の未開発地を利用して紙の生産を始めようとしませんか。

公的に使う紙の生産は官主導の製紙に任せてしまい、民間は貴族が私的に使う紙と、神社仏閣で大量に使われる写経や経典の用紙を担えばよいと考えませんか。

そして量産体制を築き安価に提供できるよう工夫する一方で、用途別に紙の種類を増やすほか、紙質の向上を模索するようにしませんか。

楮や雁皮が中心の原材料についても、様々な樹種との組み合わせ比率を研究するかもしれません。

紙漉き産地の立地要件に新たな要素が加わることになります。畿内の国々が良いのでしょうが、そこはすでに荘園が設定されて未開発地は少ないでしょうし、都が近いだけに官の監視監督が効きやすく、様々な規制の強化や徴税面での負担などが増すかもしれません。

そうすると畿内に近接する国々の未開発地で、大消費地である都に届けるのに至便な地域、主要な官道に近い地域、海運に便利な地域などであることが、製紙適地の要件に加わってくるのではないでしょうか。

5・播磨国　多可郡「賀美郷《かみのさと》の紙」

1　『播磨国風土記』に見る「託賀郡《たかのこおり》」

～何と立派な平城京～

この語呂合わせで覚えた和銅3年（710）の平城京遷都を経て、『古事記』や『日本書紀』などの史記が順次整備されていきます。

中央政権はこの頃、国内情勢の把握に積極的に取りかかりました。『播磨国風土記』は、元明天皇の命令で記録・編纂された各律令国の国情報告書の一つで、霊亀元年（715）頃に書かれています。

和銅6年（713）に出された詔では、次の五つの事項を記して報告するよう指示されています。

＊郡郷（里）に良い意味を持つ2文字の名前をつけること
＊鉱物、植物などその郡内でできる産物の名を記すこと
＊各郷（里）の土地の肥沃の状況を調べて区分すること
＊地名、山河、平野などの名称とその由来を調べること
＊各郷（里）に伝わる旧聞・異事を聞き取って記すこと

報告のあった国数と提出時期は不明ですが、現存している『風土記』は、播磨、常陸、出雲、肥前、豊後の5国〔写本〕だけで、後に「逸文」が残るのは20数ヵ国です。

その頃の播磨国には12の郡《こおり》がありましたが、うち10郡についての記述があります。

その一つが「託賀郡《たかのこおり》」〔現在の兵庫県多可郡多可町〜西脇市周辺〕（図表5_1参照）です。

地名の由来について、次のように記されています。

託賀《たか》と名づくる所以は、昔、大人ありて、常に勾《かが》り行きき。南の海より北の海に到り、東より巡り行きし時、此の土に到来りて、云わしく「他土は卑ければ常に勾り伏して行きき。此の土は高ければ、申びて行く。高きかも」といひき。故、託賀の郡といふ。その踰みし迹處は、數々、沼と成れり。

図表5_1

古代播磨国と託賀郡

つまり、他の郡は「天」が低いので、かがまって歩いていたが、この郡は「天」が高いので伸びて歩けた。「ああ、高いなあ」と言った……その「タカイ」が多可になったとされています。

歴史学者の井上通泰はその著書『播磨風土記新考』で、この大人伝説と天之日矛《あまのひとつめ》伝説の行動方向がよく似ているとしながらも、他の土地が低いという意味は、「すでに先住者がいて窮屈だったが、この土地はまだ占有している人も無く、したがって自由に伸びのび行動ができるということ」と解釈しています。

土地高きがゆえに「タカ」と名づくるという説や、郡中に河川が多いゆえにこの名起これりとする説もあることは承知していますが、私は「新考」の井上説で間違いないと確信していますす〔当地域での為政者の立場を経験した者の視座〕。

「天之日矛」について付言すれば、『古事記』が新羅王子として好意的に扱っているのに対して、『日本書紀』では「天日槍《あまのひぼこ》」と記し、その扱いを異にするのは多分に各々の編纂者側の「親新羅・反新羅」の意識が背景にあるものと考えられます。「天之日矛」は『播磨風土記』においては「渡来神」として好意的に位置づけられています。

2　出雲系の諸神と播磨の国津神

『多可郡誌』は「上古史」の概論で次のように記しています。

此地、先住民族は如何なる者なりしかに就いては、未だ其の遺物の発見したりたるものなければ、知るに由なしと雖、無人の境たりしものには非ざるべし。其後来りて土地の開発に従事し、最も功を奏し、後世文明の基礎を固めたるは、出雲系の諸神の力を第一に推さざるべからず。これに次ぐは播磨の国津神と思わるる諸神なり。

また「其頃此郡は播磨に属したる時もあり、又丹波に属したる時もあり、播磨と丹波の両国に相半したる時もありて定まざるものの如し」と続け、上代には国境が不明確であったことを記しているのです。

当時の丹波国は予想以上に大きな勢力であったことに間違いなく、「タニワ王国」との呼称も使われています。

諸国の境界が意識されたのは天武天皇12年（683）からで、但馬国はこの時までは丹波国に属しており、もう一つの丹後国が丹波国から独立したのは和銅6年（713）からであると記されています。

第5代孝昭天皇がハリマを巡幸されたという記事もあります。『古事記』には「針間《はりま》」とあり、この国を初めて領されたのは第12代景行天皇の皇子「稲背入彦命」とのことで、この命が播磨別の始祖だと記されています。その後の第13代成務天皇の時代（131～190）に、播磨の内が二国とされ、「針間国」と「針間鴨国」に分かれます。

『日本書紀。姓氏録國造本記』によると、多可郡は賀茂郡の西南地域（現・加西市）とともに『針間鴨国』の管下に属し、第36代の孝徳天皇の時代（645～654）まで約500年間の長きに亘り、この状態が続いていることになっています。

その孝徳天皇の治世において「針間国」と「針間鴨国」、「明石」を合して一国と為し、「播磨国」と名づけられたとする記事が『加西郡誌』には綴られています。

「国郡里制」は、大宝元年（701）に制定された「大宝律令」で成立したとされており、「託賀郡」の名が使われたのはその時からです。

3　上代に「秦氏」が入植した隣接の地

先に「播磨の国津神」との記事を見ましたが、『新撰姓氏録』（弘仁6年（815）刊）を読み解くと、平安初期の日本列島の住民構成は、国津神系（国人）と天津神系（神人）、諸蕃（渡来人を含む）からなり、それぞれが概ね3分の1を占め、その諸蕃のうち3分の1が「秦氏系」であることが分かっています。

特殊な技術や技能に秀でているとされる秦系一族の人口比率は、平安初期には全体の9分の1を占め、1割強の勢力であったことになります。

秦系一族は、渡来人の秦氏だけでなく、秦氏から技術や技能を伝授され同種の職業に就いた人たちを含めて、秦氏とともにグループを形成し、特に織物業や鉱業などの産業分野や芸術・芸能の分野において、大きな影響力を持ち続けている集団なのです。

多可郡の北隣にある旧青垣町（現・丹波市青垣町）の町史の参考年表に、上代についての貴重な記事がありますので、その一部を転記します。

前226年（孝霊）丹波・播磨国境に大甕を埋む

前88年　（崇神）丹波道主命、四道将軍に任じられ丹波を平定
２７０年（応神）秦氏、桑田の領地に住み蚕織の改良をなす
４６０年（雄略）桑に適した土地に秦の民を移住せしめ庸調を献ぜしむ
６８３年（天武）丹波を丹波・但馬の二国にわける

『日本書紀』には、応神7年（２７６）に「高麗《こま》・百済・任那・新羅の人々が来朝」とあり、応神15年（２８４）には「弓月君が百済より来朝」との記述も見えます。

ここでは、第15代応神天皇の時代（２７０～３１０）に、すでに秦系一族が多可郡の北隣、丹波市青垣町の地に入植していたとの記述に注目したいと思います。

渡来人の来朝には大きく2回の波があり、1回目がこの応神天皇の時代、次の2回目が第38代天智天皇2年（６６３）の白村江の戦いで日本軍が唐と新羅の連合軍に大敗を喫した時期です。上代の年表には、天智2年（６６３）9月、「百済滅亡し、亡民日本に向かう」と記されています。

多可郡賀眉里《かみのさと》（後述）の東隣には、同じく丹波市氷上町があり、『氷上郡志』には丹波国の西部に「秦氏」が住みついたとの記事があります。青垣町だけではなく、氷上町にも秦氏一族は来ていたのです。

律令の施行細則をまとめた『延喜式《えんぎしき》』が編纂されたのと同じ頃、延長5年（927）前後に撰述された辞書『和名抄《わみょうしょう》』には「葛野郷《かどの》」の記載があり、平城京出土の木簡にも「丹波国氷上郡葛野」とあって、天平年間の初年（729）頃まで遡る地名だと分かっています。秦氏の拠点である山背国葛野郡と同じ名称の葛野郷ですので、秦氏の主だった入植地に間違いはなく、入植者の数は多かったと考えられます。青垣町とは異なり、葛野地区には古い黒見鉱山、三原鉱山の遺構がありますので、鉱山、製鉄を業とする特殊工人が定住したと思われます。また「葛野牧」との記述も見られることから、馬牛を操る住人の入植もあったことが窺われます。

葛野郷の一部には、後に天皇領の荘園となった地（三方庄）があります。

このように、多可郡賀眉里に隣接する北側の青垣町や東側の氷上町には、第1回（応神期）の渡来人の来朝時から、秦氏一族の入植がありました。同じ時期に隣接の多可郡賀美郷の北部（未開発地）に入植者があったとしても不思議ではありません。

さらに第2回（天智期）の来朝の際には、時の政権が大人数の百済亡民を畿内に入れることを避けて、全国各地への入植を促していますので、特に畿内に隣接する近江、丹波、播磨などの諸国では渡来人の定住者数が急激に増えたことが考えられます。

この時も同様に、未開発だった地に入植者が多く入ったことでしょう。先陣の渡来人が入植して定住している土地を探し求めて、その地に移住した可能性も否定できません。

4　奈良時代に急に人口が増した「里」

「多可」という地名の変遷についても『郡誌』に詳しい記載があります。

託賀：播磨風土記　　多河：東大寺長徳4年文書、検地帳
多可：延喜式、和名抄　　多哥：峯相記　　高：蕃山墓誌
多珂：播陽右跡便覧、播陽事始経歴考　　多賀：赤穂義士文書

以上のごとく、「其の仮用の文字多けれども、公文と見ゆるものには、奈良時代前後に於ては『託賀』を記し、平安朝以後現在に至るまでは、専ら『多可』の字を宛て用ひられたるものの如し」……と記されています。

言語として「タカ」の呼称は、古代から続いてきたと考えますが、地名標記として「託賀」の字を当てた期間はそんなに長くはありません。

天平17年（745）には、すでに「多可」が使用された記録があります。

図表5_2

託賀郡《たかのこおり》賀眉里《かみのさと》

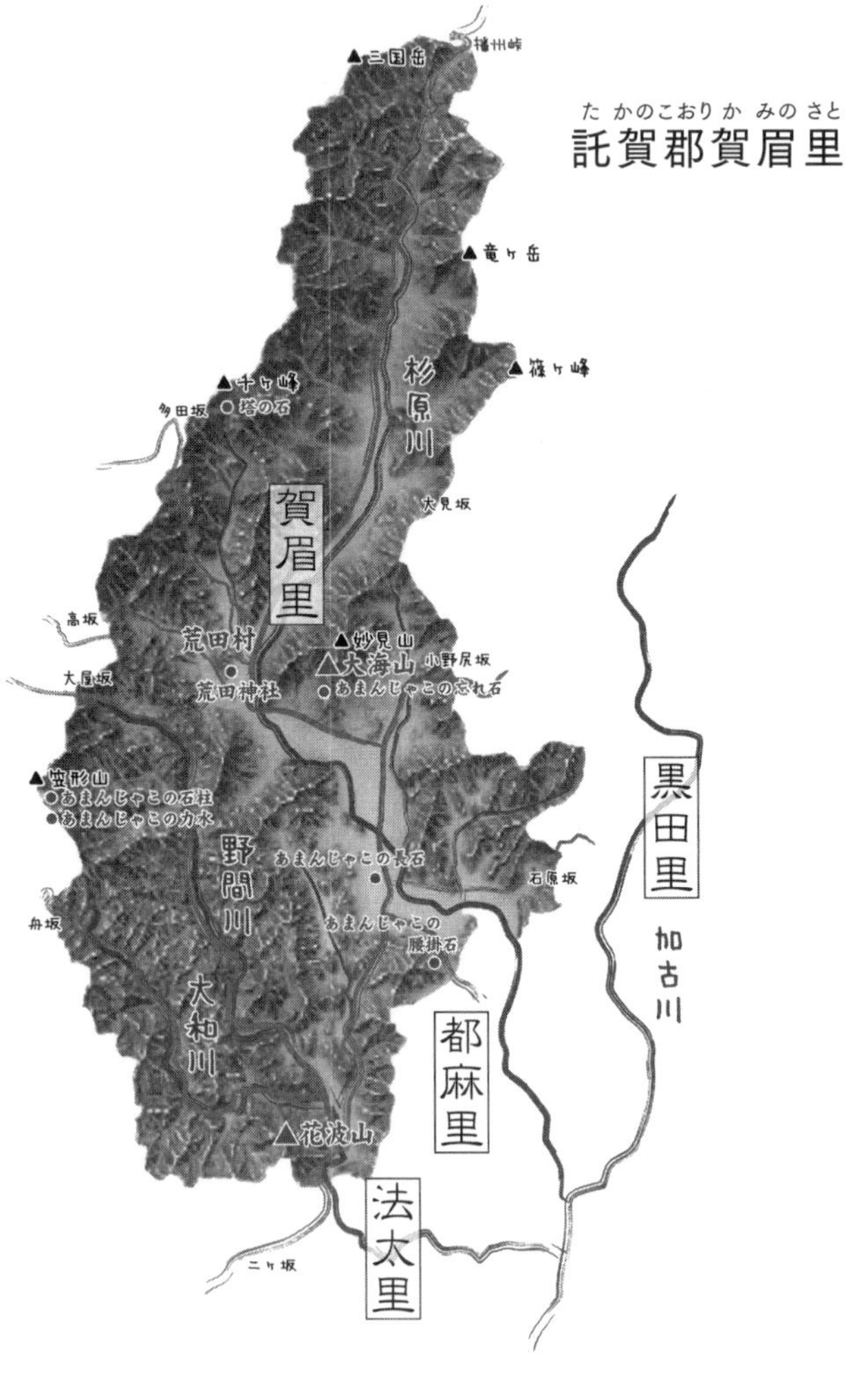

『播磨風土記』の「託賀郡」には、四つの里が明記されています。
「賀眉里」（図表5_2参照）、「都麻里《つまのさと》」、「黒田里」、「法太里《ほうだのさと》」の4里です。

大化の改新で「国・郷・里」が設けられたことを受けたもので、50戸を一里として里長一人を置いたと記されていますので、「託賀郡」は200戸以上あったことになり、一戸を平均20人とすると当時の「託賀郡」の人口は約4000人だったと考えられます。

その後の霊亀元年（715）には、「里」を「郷」として、郷の下に2~3の「里」を置くように変更され、さらに後の天平11年（739）には「里」が廃されました。

「国郡郷里」の制度から「国郡郷」の制度へと仕組みが変わったのです。

「賀眉里」について、風土記には「加古川の支流杉原川の上流附近に在る村を集めて一圓とし、其の位置より名づけられたものにして、上の里にて、今の杉原谷村、松井庄村、中村一圓および野間谷村の大屋、天船、日野村の羽山、大木、市原、野中一帯の地なるべし。大海山は杉原谷村箸荷に近江坂有り、之れなるべし。大海里は明石郡邑美郷訓於布美とある地とす」と記されています。

辞書『和名抄』によると、平安時代の中期には賀美郷、荒田郷、那珂《なか》郷、資母《しも》郷、黒田郷、蔓田郷の6郷となっており、一番の違いは、「託賀郡」の四つの里のうち、「賀眉里」だけが賀美郷、荒田郷、那珂郷の三つに分けられていることです。

そして都麻里が資母郷に名前が変わり、黒田里、法太里がそれぞれ黒田郷、蔓田郷となっています。唯一三つの郷に分けられていることから、「賀眉里」の人口だけが、奈良時代から平安時代中期までの間に大きく増えているのが分かります。

5 「賀美郷」で始まった製紙業

『多可郡誌』には「賀美郷」について、「賀眉里を分割して此の郷を新たに設けるものにて、郡内を上中下の三郷に分ち、上の郷の意なり」とあります。「賀眉里」も「賀美郷」も、加古川支流〔杉原川〕の上流に違いありませんが、上流であることをもって「カミ」というならば、川上や河上の名称が本来のものです。

「賀眉」、「賀美」、「加美」のような同じ呼び名の地名には、吉祥名もあるのでしょうが、何か他の意味が込められているのではないでしょうか。

言語学的には、カミとは「未知・未開の地」を指すとの説があります。

「ミチノク」と「カミ」には、よく似たイメージを抱きます。

「加美」と名の付く土地は、昔から「紙漉き地」が多いようです。

『和名抄』では郡衙《ぐんが》の所在地の「荒田郷」を冒頭に掲げていますが、そこは「賀美郷」と「那珂郷」の中間に広がる平野部です。中心部であるゆえに栄えており、人口が一番多かった郷と考えられます。

「那珂郷」は三郷に分けたときの「中間」にあたると記されていますが、この三郷とは、杉原川沿いの「賀美郷」、「那珂郷」と、加古川（本流）沿いの「資母郷」を指したものです。

「黒田郷」も加古川（本流）に沿い、「蔓田郷」は野間川沿いに位置します。

住人の少なかった「賀眉里の北部（「賀美郷」）」には、飛鳥時代から奈良時代にかけて秦系の移住者が入植を続け、平安初期に入ってから「荒田郷」と「那珂郷」は先進農機具を使った水田活用策で農業生産力が上がり、郷の人口（戸数）が徐々に増えたものと考えます。「那珂郷」の安坂地区では、平安期に使われた先鋭的な農機具の遺品が確認されており、その農地遺跡も特定されています。

このように「荒田郷」と「那珂郷」では国津神系（国人）の数が次第に増え、未知の地だった「賀美郷」に秦氏一族の大量入植があったことが、「賀眉里」が3分割された要因であると私は考えています。

上代より未開発であった賀美郷の北部に、まず鉱山系特殊工人の秦氏が葛野郷から入って鉱山開発と製鉄・青銅（銅精錬）に携わったと考えます。

当時の製鉄は鉄鉱石によるものだけではなく、砂鉄を木炭で燃やして鉄を産み出す方式も採られていました。褐錫鉄（スズ鉄）です。豊富な森林資源が必要となるのですが「賀美郷」にはそれがあったのです。

また入植者は、この地が良質の水と豊富な楮や雁皮に恵まれていることに気付き、当地で良質な紙ができることを確信して、同じく秦系の紙工を呼び寄せて「紙戸」を形成させ、賀美郷での紙漉きが始まったと考えます。

こうして多可郡の北部地域で良質な紙『賀美郷の紙』が誕生したのです。

紙の需要面から考えると、当地で紙漉きが始められたのは飛鳥時代後期〜奈良時代の間（700年前後）だと思われます。

この時期を境に、我が国は徐々に「木簡の時代」から「紙を使う時代」へと変容を遂げていくのです。

6・「賀美郷」での紙漉きの興隆期

1　写経が爆発的に盛行した聖武の治世

紙の存在を知らしめ、その需要を一気に拡大したのは「写経事業」の盛行と「戸籍帳簿紙」の必要性からです。

第45代聖武天皇の御代（724〜749）において、仏教文化は興隆期を迎えます。

最初の官命写経は天武天皇元年（672）に「川原寺」にて行われたものが有名ですが、この聖武帝の時代には、ほぼ我が国全土の大寺院で、想像もつかないほど大規模な写経が実施されているのです。

その写経事業の中心は、聖武天皇や光明皇后の発願による一切経（すべての経典）の書写でした。

光明皇后が父母の供養のために行った「一切経（発願が天平12年〈740〉の5月1日経）」

では、20年間に約7000巻が書写されたと伝わっています。

また称徳天皇の勅願（770年頃）で鎮護国家を願って制作された「百万塔陀羅尼」は、100万基の小さな木製塔に陀羅尼経を納め、十大寺に分置されました。

この「百万塔陀羅尼」は、紙の使用量ももちろん半端ではありませんが、世界最古の現存印刷物として有名です。

奈良時代全体を通して、写経総数は10万巻を超えたともいわれ、そのために膨大な量の紙が使われています。

国府や郡庁で漉かれていた紙だけでは、到底足りるはずもありません。

当時は紙の質より量が求められ、これに見合うだけの膨大な紙が、全国各地から集められ、また諸国の製紙場や寺院周りで大量に漉かれていたということになります。

2　天平期、播磨と美濃は最大の製紙国

紙の生産適地といわれる地域では、同じ時期に質的に優れた写経用紙も漉かれていたのです。

天平9年（737）の「正倉院文書」に、美作経紙《きょうし》、越経紙、出雲経紙、播磨経紙、美濃経紙の名が出てきます。

宝亀元年（７７０）の記録には、当時の紙は大部分が写経料紙に用いられたが、他に、窓張りや障子張りにも使われたとあります。

宝亀５年（７７４）には、紙の貢納国は14国で、原料の穀皮《こくひ》、麻、斐皮《ひし》などを産し、それらを貢納していた国として10国の名前が記録されています。

14国とは、「伊賀、上総、武蔵、美濃、信濃、上野、下野、越前、越中、越後、佐渡、丹波、長門、紀伊」で、紙は主に写経に用いられたと記録されています。

10国とは、「伊賀、参河、甲斐、近江、越前、但馬、丹後、播磨、備前、阿波」で、穀皮、麻、斐皮を大量に貢納していたことが分かります。

また宝亀10年（７７９）の「正倉院文書」には、当時の障子張りに用いられた紙は「播磨産」のものであった、との記事があります。


時代を経て、承和5年（８３８）に「播磨雑色薄紙40帖を唐の長安、青竜寺〔空海が学んだ寺〕に贈る」との記録（和紙史略年表：80ページ参照）がありますが、紙の本場である唐への贈物ですから、我が国で最も良い紙が選ばれたはずです。

「播磨雑色薄紙」とありますから、それが「播磨」で漉かれた紙であることは間違いありません。

播磨国内でも国府や郡衙、大寺院の周辺など随所で紙が漉かれていたと思われますが、「正倉院文書」の記事から当時の最高品質の「播磨経紙」が漉ける優れた製紙地が播磨のどこかにあったことが窺えます。

またその地では、「播磨中紙、播磨中白紙、播磨薄紙、播磨荒紙」などの様々な紙が漉かれていたと考えられます。

数多くの種類の紙を漉いた国は〔当時の記録（和紙史略年表）では〕「播磨」だけです。

翌年にも唐の青竜寺への贈答が行われた記録がありますが、この時にも「播磨二色薄紙」22帖と「美州〔美濃〕雑紙20巻」が一緒に贈られています。

「播磨」と「美濃」の2国においては、紙の本場の「大唐国」に出しても恥ずかしくない「最高品質の紙」が漉かれていたということです。

少なくとも天平期には、播磨と美濃には「一大製紙地」があったのです。

3 「賀美郷」は播磨国で最大の製紙地

播磨国内での優れた製紙地は多可郡賀美郷にあり、時代とともにその製紙地が品質をさらに高め、生産規模を拡大していったと私は考えています。

天平16年（744）の春、中央政府から「播磨国から1万枚の紙を納入せよ」との要請があり「同年4月19日に1万枚を納めたところ、厳しい検査で150枚がはねられ、9850枚を納入した」との記録が残っています。

その2年後の天平18年（746）12月23日には播磨国へ「播磨中薄紙」1万7000枚が注文されています。

これらの紙は「中男作物」としての貢納とも考えられますが、注文数量は播磨国が他国よりも多くなっています。

爆発的ともいえる写経事業の落ち着きとともに「写経用紙」としての需要も定常化していきます。

その後は播磨国内の他産地（後述）を抑えて「賀美郷」で漉かれた良質の紙だけが、平安時代を通じて「播磨紙」としての名声を高めていきます。

表現を変えれば、自国に紙の一大産地を有するのですから、播磨国内では国府や郡庁はもとより神社仏閣でも、紙を漉く必要がなくなっていくのです。

4　但馬国と丹波国に挟まれた「賀美郷」

『播磨風土記』のところで触れましたが、賀美郷は播磨の最北部に位置します。

国境が決められるまでは大丹波国（タニワ大国）に属していたと考えられますので、但馬や丹波との深い関連の中で賀美郷の紙を捉える必要があります。

播磨国になってからも賀美郷の北部地域は、播磨国府から見れば（しばらくの間は）実態がよく分からない「未知・未開の地」であったかもしれません。そこに秦氏一族が入植して畑作と紙漉きを始めたと私は考えます。

また出雲系の製鉄技術者たちも但馬方面から入植し、混在化して定住したと思われます。

播磨、但馬、丹波の3国を分ける国境の山、「三国岳」の頂上付近にあった「天目一神」を賀美郷鳥羽の地に遷座して祀っているのが「青玉神社〔所在地・多可町加美区鳥羽〕」で、製鉄・青銅（銅精錬）の神様として親しまれています。その社殿は立派で、境内には800年生の樹々が何本も生育し、1100年生の杉の大木がご神木とされています。


また賀美郷の南の荒田郷に鎮座する「播磨国二宮（荒田神社）〔所在地・多可町加美区的場〕」の元々の神様は出雲系の「天目一神」であったことも分かっています。

さらに三国岳の但馬側の黒川地区の北端には、同じく製鉄・青銅の神様である「青倉神社〔所在地・朝来市〕」が鎮座されています。

古代の製鉄法には、褐錫鉄（スズ鉄）といわれる葦・茅・菰の根元に、鉄バクテリアが集まって固まったものを、野だたら〔露天で自然の通風を利用して銑鉄を得る〕で焼いて鉄を作る手法もあったことは、先にも触れました。

これら植物の根に注目するところから、植物の根を有効に利用した〔紙漉きに使用する〕粘剤が見出されたのかもしれません。

播磨紙の優位性は、立地の自然条件や良質で豊富な楮や雁皮に加えて、「流し漉き法」に欠かせない良質の粘剤の活用にあったのかもしれません（「椙原《すぎはら》庄紙」の粘剤は「ノリウツギ」、平安末期以降は「トロロアオイ」も併用されたと考えています。現在の「杉原紙」は「トロロアオイ」を使用しています）。

間違いなくいえるのは、雁皮にも多少の粘性があり、楮と混ぜ合わせて漉くことで良質の紙ができるのですが、粘剤の活用は雁皮の混入比率を減らす効果があったと考えられることです。

紙の大量生産となると膨大な量の楮や雁皮が必要となります。

賀美郷だけでは原材料の必要量が確保できなくなり、これを三国峠を越えた但馬の黒川地区に求めたものと考えます。

楮は栽培して増やすこともできますが、雁皮は自生しかありません。

但馬の黒川地区から三国峠の辺りでは、今でも豊富な雁皮を見ることができます。

賀美郷で漉く「播磨紙」は、賀美郷や那珂郷で産する原材料だけでなく、自然条件を同じくする「但馬黒川地区」の原材料をも容易に調達できる「賀美郷北部の地」で、秦氏系紙工の高度な技術力をもって大量に漉き出すことが可能になったと考えられるのです。

紙の史略年表

平安遷都から摂関期までの間、紙に関する記録は多くありませんが、この時代の製紙業の動向、美濃紙と陸奥紙、さらに楮（穀紙）・雁皮（斐紙）以外の紙や原料に関する「紙の史略年表」を付します。

久米康生 和紙文化辞典 〜和紙史略年表〜

大同年間（806〜810）	京都野宮の東方に図書寮の別所として紙屋院〔官製の製紙場〕を設ける
弘仁2年（811）	秦公室成が秦部乙足の替として図書寮造紙長上となる
承和5年（838）	播磨雑色薄紙40帖を唐の青竜寺に贈る
元慶5年（881）	清和天皇の女御、藤原多美子が前年崩御の帝の染筆を漉き返させて法華経を書写する宿紙の初めといわれる

仁和2年（886）	天皇の執筆に黄紙が用いられる
延長5年（927）	『延喜式』撰進される その規定によると中男作物として紙を上納するところは42国、年料貢雑物として上納するのは下野と大宰府、原料の穀皮・斐皮は30国が5860斤を貢進、図書寮で年2万張の紙を漉く、位記を書く麻紙は毎年上総から150張、下野から100張を納めさせる
天暦5年（951）	従7位上河雲兼遠が美濃国造色紙長上に補任される
天暦8年〜天延2年（954〜974）	藤原道綱の母が天暦8年から21年間記した『蜻蛉日記』に陸奥紙の名初見
天徳4年（960）	美濃国の紙を京都に送らせ、宮中で用いるようになる
永延2年（988）	『元亨釈書』に性空上人が播磨の書写山で紙衣を着用したと記す
長保4年（1002）	美濃国紙屋長上宇保長信に色紙の調進を命ずる
寛弘6年（1009）	『御堂関白記』に「法華経1000部を摺写」と見える

長和3年（1014）	『小右記』に前陸奥守済家が檀紙10帖を京にもたらすと記す
長和5年（1016）	『御堂関白記』に「沙金100両、檀紙50帖」と見える
長元4年（1031）	『左経紀』に宿紙の名初見
天喜年間（1053～1058）	この頃成立の『新猿楽記』に「但馬紙」の名が初見
治暦2年（1066）	この年成立の『明衡往来』に「但馬黒川紙」と見える
治暦4年（1068）	後三条天皇即位に際し、美濃から紙工を招いて黄紙をつくらせる
嘉保3年（1096）	『魚魯愚鈔』に宿紙の同義語として紙屋紙の名が見える
永久4年（1116）	『殿暦』永久4年7月11日条に「椙原庄紙（杉原紙）」の名が見える

「和紙史略年表」からは、紙屋紙の存在や漉き返しが行われていたこと、美濃産紙と図書寮や宮中との深い関係、陸奥紙が檀紙であったことが分かります。

また唐に贈られたのが播磨の紙であり、紙衣にも使われたこと、加えて播磨紙でもある「椙原庄紙（杉原紙）」の初見の前に、但馬紙、但馬黒川紙の名が出てくることも確認できます。

平安中期に但馬紙が京都に入り、陸奥紙と並んで評価されていることから、但馬紙と称する紙は「檀紙」に違いありません。

「檀紙」は平安中期にはすでに地方産紙として京都に進出しているのです。

さらにまた、道長が大量の料紙を存分に使っていることも分かります。

不思議なことは、中世に鳥の子、江戸期に奉書紙《ほうしょし》を有する越前紙のことが平安期の史料にはどこにも記されていないことです。播磨の椙原庄紙（杉原紙）が武家でも使われるようになった後の13～15世紀に出てくる製紙国と紙名は、「杉原紙」とともに隆盛を誇ることとなった「讃岐檀紙」や「備中檀紙」なのです。

なお「檀紙」について、和紙文化辞典では次のように記されています。

奈良時代にはマユミ（檀）の樹皮で漉いたといわれるが、平安期ころからはコウゾを原料とした厚紙。～中略～「繭のような」を「まゆみ」といい、檀あるいは真弓の字を当てたとすれば、奈良時代の原料もコウゾであった可能性が強く、乾燥法の差によって、普通の「穀紙」と区別して、檀紙とよんだとも考えられる。平安期のみちのく（陸奥）紙と同じもので、朝廷・幕府の高級公用紙であり、式正《しきしょう》の詠草料紙であり、平安期公家の男たちは懐紙として愛用した。～以下略～

5　藤原明衡が記す「但馬黒川紙」の正体

図表6_1

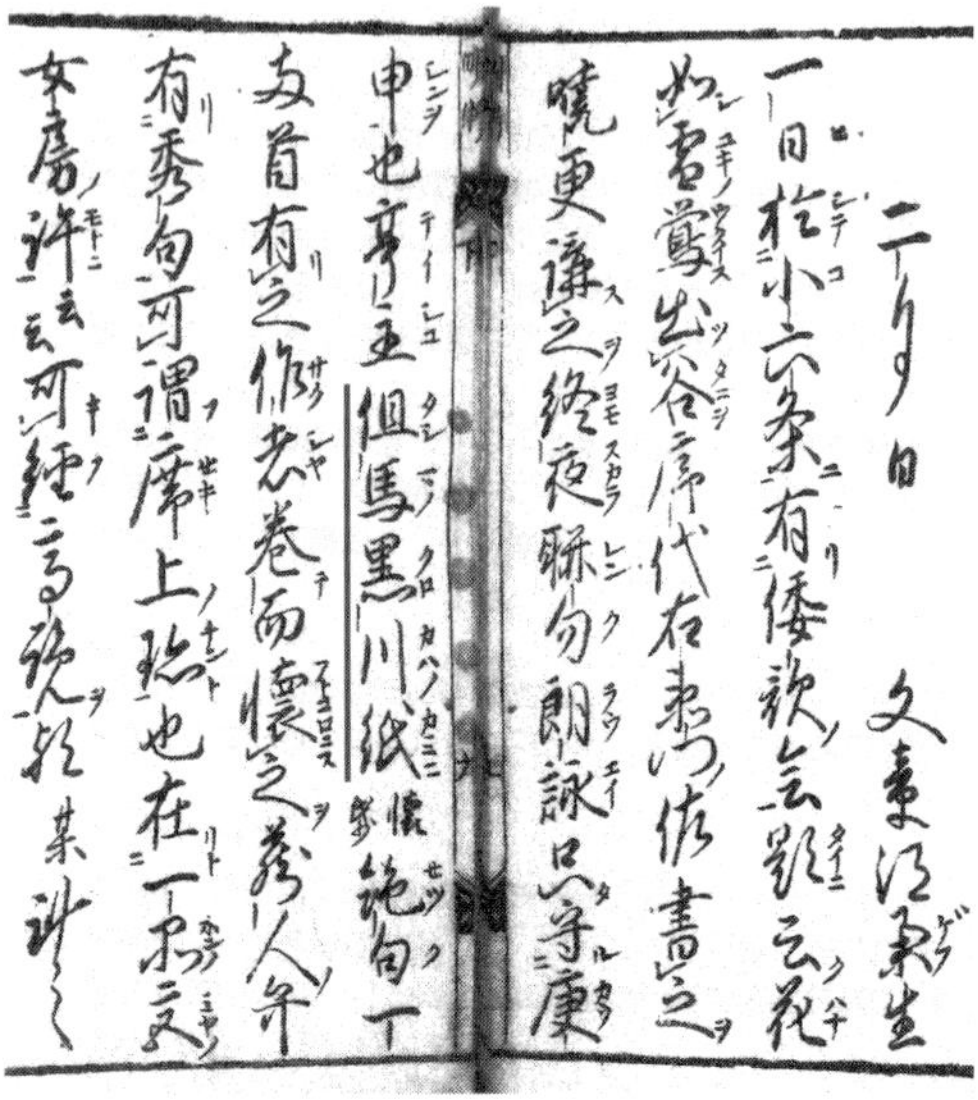

『明衡往来』より抜粋

藤原明衡《あきひら》（989～1066）は出雲守を歴任した貴族ですが、文人としても有名であり、『新猿楽記』や『明衡往来』を著しています。その著作の中に「但馬紙」や「但馬黒川紙」（図表6_1参照）の名を見ることができます。

平安初期に中男作物として紙を産し、年料貢雑物として麻紙を納めていたのでしょうが、これはどこの国にも見られることで、決して但馬は最高品質の紙を漉く産地ではありません。

にもかかわらず平安中期には

「但馬紙（檀紙）」の名が京都で知られるようになり、「陸奥紙」とともに高く評価されているのです。

治暦2年（１０６６）の成立とされる『明衡往来』には「但馬黒川紙絶句一両首有之」とあり、現・朝来市生野町黒川の地名が示されています。

また『兵範記』にも、藤原道長が創建した法成寺に「但馬紙（檀紙）」を貢進した記録が残されているのです。

私は朝来市役所（文化財担当者）や図書館（本所・生野支所）に伺い、黒川地区での過去の紙漉きの聞き取りと実態調査を試みましたが、何も史料はなく、誰もご存知ありませんでした。さらに現地の黒川地区に足を運びましたが、それらしい痕跡はまったくありませんし、どなたに尋ねても伝承のカケラすら残ってはいません。

朝来市生野町の黒川地区といえば、兵庫県下でも最僻地として知られ、「平家の落人伝説」がある地域です。平安中期は源平の時代よりも古く、そんな最僻地で良質の紙を大量に漉いて、京都にまで送達する業を果たして行うでしょうか。

また平安期に製紙地として有名になっていれば、その直後に「平家の落人集落」の適地になるなど、到底考えられません。

国境はほぼ決まっていたとはいえ、平安期には地図もなく、但馬と丹波のまん中に（北方向に」突き出た格好の「賀美郷」は、但馬あるいは丹波だと思われても不思議でない位置にあります。

藤原明衡は、任地の出雲への道中で官道〔旧山陰道〕を通った可能性はありますが、実際は家来が官道でなく「三国峠」を越える間道を通った時に、紙漉きの産地があるのを知り、「播磨の賀美郷」を「但馬の黒川」と思い違いしたのではないでしょうか。

また私は、そもそも明衡の家来も実際には急な間道を通ってはおらず、但馬の旅先で「紙漉き産地」があるとの話を聞いて、「賀美郷の紙」を位置的に「但馬黒川の紙」だと間違って信じこみ、明衡に報告したのではないかとも思っています。

急な間道は青玉神社と青倉神社の間の製鉄工人〔秦系一族〕の連絡道路で、杣人《そまびと》ならいざしらず、常識的に一般の旅人が利用する道ではありません。現地をよく知っている者なら、誰もが後者〔後述の私の考えのほう〕だと言うでしょう。いずれにせよ、「但馬黒川紙」との記載は間違いであるというのが私の考えです。

賀美郷から峠道を通って丹波の葛野郷に出れば、そのすぐ先に星角の駅〔丹波市氷上町石生〕があり、そこから官道〔旧山陰道〕に乗り、一気に京都まで大量の紙を運ぶことができます。楮や雁皮などの原料が黒川地区でも採取されていますので、まったく間違いというわけではないのですが、藤原明衡が記した「但馬黒川紙〔但馬紙〕」は、実は「賀美郷で漉かれた紙」だったというのが私の見解です。

賀美郷の紙工は入植者の職人ですので、良い紙を漉くことにこだわっても、紙名へのこだわりはなかったと思います。賀美郷から東に抜け、旧山陰道を経て京都に出ていく紙が「但馬紙」、南に抜け山陽道を通って流通していく紙が「播磨紙」という程度の認識ではなかったでしょうか。

平安後期から鎌倉初期の『兵範記』や『執政所抄』に名が見られる「丹波紙」についても同様です。

以上の私の考えが正しければ、「播磨紙」も「但馬紙」も「丹波紙」も、同じ「賀美郷の紙」ということになるのです。

もっとも、ここまで読み進めてきた読者の皆さんは、「播磨国内の他の産地とは、具体的にどこを指すのか?」「播磨紙が賀美郷で漉かれた紙である明確な根拠はないのか?」と思われていることでしょう。

先に結論を述べると、播磨紙の「産地」に関する詳細な記録や、「播磨紙・但馬紙・丹波紙・賀美郷の紙」のすべてが同じ紙であることを証明する史実が現状では確認されたわけではありません。しかし私の考えは前述の通りであり、加えて私が参考にした専門家の意見が残されています。

その一つが、151ページで紹介している和紙研究者・寿岳文章の論考です。寿岳は播磨紙の正体を明らかにするためのフィールドワークを行い、「播磨紙とは、播磨を代表する紙、すなわち杉原紙にほかならぬ」との結論を導きました。

さらに後にご紹介する中学校の教科書（125ページ）にも中世における和紙の代表として「杉原紙」か「播磨紙」の名前が出てきます。

だからといって読者の疑問に明確に答えるだけの根拠をすべて提示できているわけではありませんが、本書では以降、「播磨紙」も「但馬紙」も「丹波紙」も、同じ「賀美郷の紙」であるとの見解を前提に論を展開していきます。

話を戻します。

当時の京都で評価が高かったのは、宮中で利用された「美濃紙」、漉き返しが主になって段々紙質が落ちていきますが「紙屋紙」、それに「但馬紙（内実は播磨紙）」と「陸奥紙」だったと考えれば、合点がいきます。

またこの頃から、民間の製紙業が盛んであった播磨など一部の国では、紙漉きは民業に任せて、国府や郡衙での紙工による製紙は途絶えていったと考えられます。

黒川地区の「落人伝説」についての余談ですが、火のないところに煙〔伝説〕は生じません。但馬黒川は、古代の出雲族貴顕の落人集落だったのではないかと、私には思われてならないのです。

本題に戻って、本来の上質紙「播磨紙」はどうなったのでしょうか。

賀美郷から南の荒田郷を経て、山陽道や淀川〔水運〕を通り、南から京都へ入った良質の紙のことです。

7・摂関家が求めた「紙漉きの里」

図表7_1

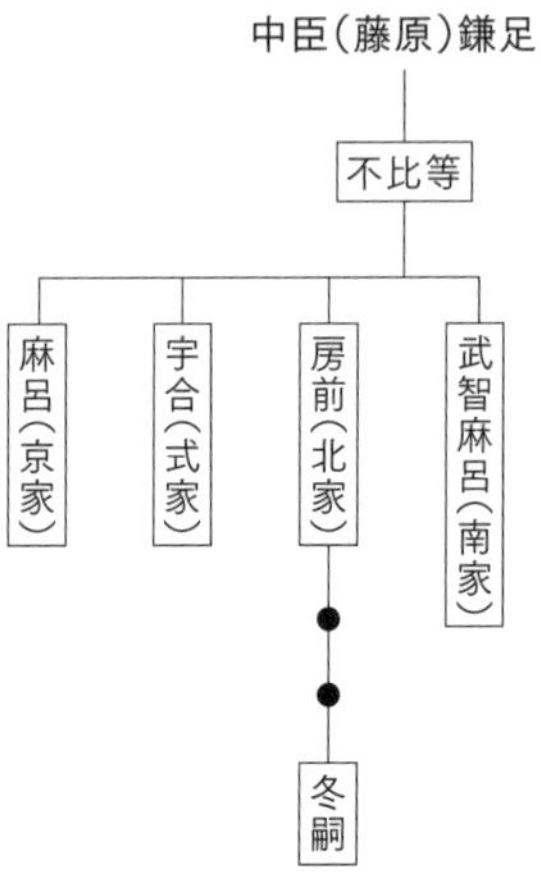

藤原冬嗣の肖像
（国立国会図書館蔵）

1　藤原氏の誕生と不比等の功績

藤原氏の始祖は、「乙巳の変」と「大化の改新」を中大兄皇子《なかのおおえのおうじ》（天智天皇）とともに主導した「中臣鎌足」（図表7_1参照）で、『日本書紀』によると薨去前に大織冠《たいしょっかん》・内大臣と藤原姓を受けています。

豪族層としての地位と歴史を持たなかった鎌足が、天智帝との個人的なつながりから、藤原氏という天皇家と「ミウチ的な結合関係」となる氏族を成立させたことになります。

図表7_2　藤原氏北家略系図

＊数字は摂関就任順
※基経は長良の子で良房の養子

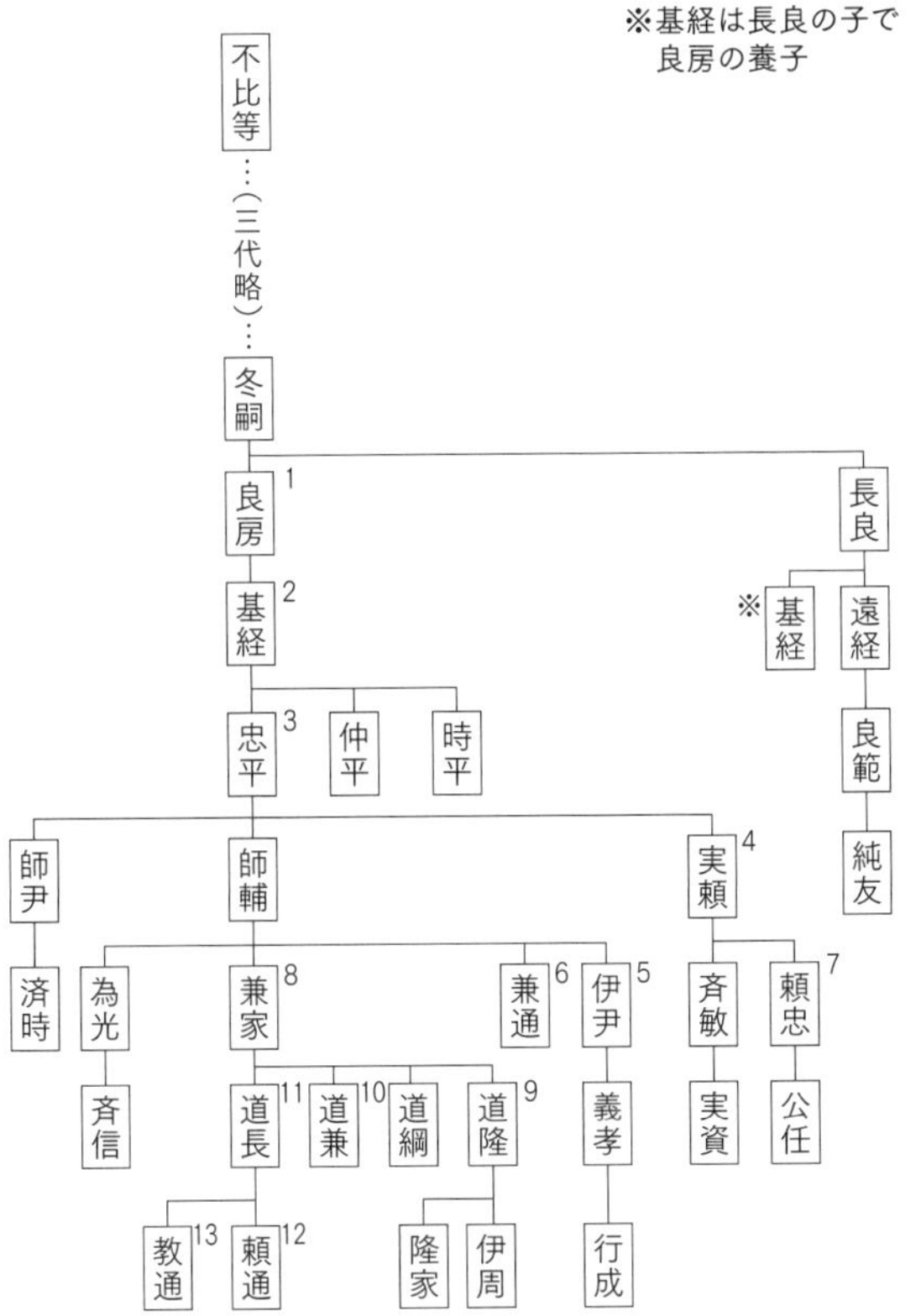

「壬申の乱」の後の天武天皇の治世でも、その地位には揺らぎはなく、後継の持統《じとう》天皇の下で、鎌足の子の藤原不比等《ふひと》は着実に実力を付け、律令の制定に功を挙げて重用されていきます。

大宝元年（701）の「蔭位制《おんいせい》」は始祖である鎌足の大織冠を正一位《しょういちい》と見做し、その蔭は孫の代まで高い地位を約束する制度ですが、これは高位を得るための決定的な条件を有する「不比等の系統」だけが有利となる制度となりました。

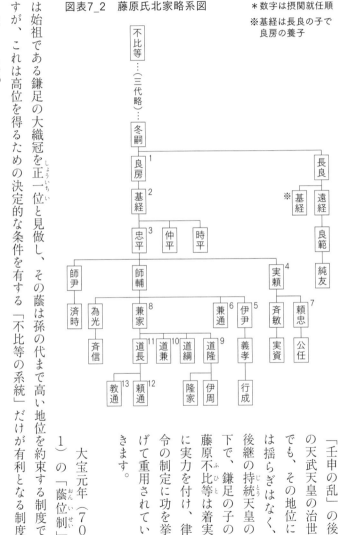

藤原不比等が唐の制度を改変してつくったものですが、他の有力氏族はその陥穽に嵌ってしまったのです。

また大宝律令の成立後、皇親は徐々に国政の中心から遠ざけられ、皇位継承権のない安全な母系のミウチとして、不比等の一族だけが王権を輔政していくことになります。

なるべく多くの身内を高位高官につけるという不比等の目論見で、藤原氏は4家（南家・北家・式家・京家）に分かれていきます。「南家」は藤原武智麻呂《むちまろ》、「北家」（図表7_2参照）は房前《ふささき》、「式家」は宇合《うまかい》、「京家」は麻呂が始祖で、互いに牽制しながら覇を競い合いました。

当初の時期はそれぞれの家に人材が育って大臣の地位を占め、ともに律令政治を展開していきます。

平安時代に入ると一転して藤原氏内部での熾烈な権力争いがなされますが、これに「北家」が勝利します。

2 他氏排斥から身内同士の争いへ

藤原政権樹立の要件を考えると、律令的な高位高官を独占するための「他氏排斥」と、天皇家とのミウチ関係を維持するための「外戚地位の独占」に尽きます。

藤原「北家」の冬嗣、良房《よしふさ》、基経《もとつね》、そして時平・忠平兄弟と続く時代は、特に「他氏排斥」に関する陰謀や共謀が数々あったようで、実際に多くの事変が連続して起きるのですが、いずれの場合も藤原側の勝利や優勢で、その終局を迎えています。情報が洩れることなく、用意周到に事が運ばれた結果だと分かります。

暗躍の時期を経て、藤原北家の一門が高位高官を独占した後は、社会的な地位が同等にあることから、外祖父や叔父として「天皇との外戚関係」を持つ者が有利になり、その地位を巡って今度は兄弟間でしのぎを削る事態となりました。

それは中宮候補となる娘たちを巻き込んだ「骨肉の争い」です。

大河ドラマ「光る君へ」の時代背景には正にこの暗闘があり、道隆、道兼、道長たち兄弟もその例に漏れず、それぞれの勢力（定子、彰子）の後宮の女官までを巻き込んだ争いが展開されることになるのです。「清少納言」も「紫式部」も、その陰湿な闘争の渦中に巻き込まれていきます。

闘争や陰謀において勝利する重要な要素は「正確な情報と情報源」で、これは今も昔も変わりありませんが、伝達手法には異なりがあります。先にも記しましたが、「木簡」の時代は終わっており、情報伝達手段として専ら用いられたのは「紙」に書かれた文書なのです。

自らの政権樹立後、道長は摂関職に就かずに長らく「内覧」を務めていますが、この職は天皇に奏上する書面情報に、誰よりも先に触れることができるからです。陰謀的な情報操作を通して「他氏排斥」を図ってきた藤原一族ですので、相手同士の紙の文書連絡による情報共有と、政権側にとって都合の悪い情報の伝播を非常に恐れていたはずです。情報把握や情報操作の観点から「紙」の重要性に気が付いていたに違いないのです。

平安中期の紙の利用は、宮中や官庁内での配給公用紙と神社仏閣での宗教的利用を除けば、貴族たちが和歌や漢詩を詠んだり、日記や消息などを書いたり、私用に供する例が多くを占めたと思われます。

ただこの時代は、文字の読み書きができる人数が多くはなく、かつ限られており、しかも紙は高価ですので、誰もが簡単に手に入れられるような代物ではありません。都の東・西の市の商品名を調べてみても、書写用の良紙は出てきません。紙の名が見えても、それは漉き返し紙や生活用の消耗紙に留まります。

では平安貴族たちはどこから私用で使う紙を調達していたのでしょうか。

藤原一族の中でも、自らの荘園の内に紙を漉く郷を有する家は稀な存在だったでしょうし、他の氏族で独自の紙産地を持っている例を私は知りません。宮中（朝廷）内ではすべてが

「公」と見做され、天皇や皇族方は「美濃紙」か「紙屋紙」の使用が常態だったはずです。

では、天皇家とは一線を画す「藤原一門」は、どこにその産地を求め、料紙を確保したのでしょうか。

江戸期には紙の専売制を採用した藩が少なからずありましたが、これと同じく平安期にも、都に入る書写用の紙類について、「専売制」もしくはそれに類似の制度をつくっていたのではないでしょうか。

卸業者の組織をつくって書写用紙の調達を専属で取り扱わせ、窓口を一本化して、藤原氏が紙の売買を統制する手法も考えられます。

さらにまた、京都から近い地方部において、良質の紙が漉ける産地をいち早く藤原氏の荘園にしてしまう手法も有効です。

3 藤原政権の経済基盤は「荘園」にあり

藤原政権の経済基盤は律令的な諸々の経済源に加えて「荘園」(私的な領有地)にあるといわれています。

藤原氏の権勢が増すごとに、その権力と結びつくための「寄進荘園」が藤原氏の側に集中していったのです。「殿下渡領《でんかわたりりょう》」と称する摂関のみが伝領する荘園も見られ、その権勢を一層盤石なものとしていきました。

例示をすると「備前国鹿田荘」は弘仁8年（817）にはすでに藤原冬嗣に属していた荘園であり、代々藤原氏の長者が伝領してきたことが分かる記録（藤氏長者の太政大臣藤原頼忠と備前守との相論：寛和2年（986））が残っています。

この間、何度も「荘園整理令」が出されているのですが、意外にも藤原氏はそれら整理令に協力的かつ積極的だったことも分かっています。

しかし、発令後の実態は回数を追うごとに、藤原実資をして『小右記』（万寿2年〔1025〕7月11日条）に「天下地。悉く一の家（道長）の領となり、公領は立錐の地もなきや、悲しむべきの世なり」と嘆かすほど、摂関家だけに荘園が集中していくことになっているのです。

4 「藤氏長者」の機能と特権

「氏上《うじのかみ》（古代の氏の首長）」は大化の改新以前よりありましたが、国家組織上における地位は、天武朝において定められています。

国家は「氏長《うじのおさ》」に対して、個々の氏団の秩序の維持と、国家と氏団の接合点の役割を期待したのです。初期の「氏上」は特定の家の世襲ではなく、氏団にあって官位譜が第1位の者をもって、その任に充てています。

「氏上」が「氏長者《うじのちょうじゃ》」と呼ばれるようになったのは8世紀末で、勅許（大同元年〔806〕10月勅）によって公認されるようになっていきますが、どの氏団にも「氏上」はあったものの「氏長者」と称することができたのは、王氏、源氏、藤氏、橘氏の四つの氏団の「氏上」だけでした。

なかでも「氏長者」として最も典型的なものは「藤氏長者」で、地位の授受に際しては、その象徴である藤原冬嗣伝承の「朱器臺盤《しゅきだいばん》」と「長者印」のほかに「渡荘券文《わたりしょうけんもん》」、「マグサノ斤《おの》」を継承〔受領〕しています。

このことから「藤氏長者」の始まりは、冬嗣から後であることが分かります。

「藤氏長者」の機能や権能にはどのようなものがあったのでしょうか。

その第一は「氏神の祭祀」と「氏社の管理」です。

氏神の祭祀や氏社〔春日大社〕、氏寺〔興福寺〕の管理権は、氏団全員に対して宗教的権威を背景として、精神的統制を与えることができるでしょう。

その第二は「大学別曹《だいがくべっそう》の管理」です。

氏団子弟の大学「勧学院」での学びは、官僚への最初の登竜門です。

その第三は「氏爵《うじのしゃく》の推挙」を行う権能です。

各種の政治的経済的身分的特権が5位をもって格段に飛躍することから、5位昇格への学状を叙位議場に提出・推挙する氏爵是定《ぜじょう》は、氏団員の官僚生活の死命を制するものとなります。このように氏長者は、氏団員と官僚組織とをつなぐ結節点でもあり、氏上の時代よりも権能が格段に強化されています。

その第四として「経済的な特権」が付与されていたと私は考えています。冬嗣に始まる「殿下渡領」と称する摂関のみが伝領する荘園の例を先に記しましたが、平安期において特に貴重だった良質の紙を産する荘園の一つを摂関家は優先して確保したいと考えたはずです。

また諸国に「守」・「丞」として配された貴族たちも、赴任国内の紙産地の情報を得て、摂関家への寄進荘園とするため尽力したのではないでしょうか。

天皇家に互する「母系ミウチ氏団」を形成した藤原一族は、最上級の品質を誇る独自の「藤原氏の紙」を必要としたのです。

その対象となる紙産地の要件は、朝廷でも使われる「美濃紙」や官営製紙の「紙屋紙」に優る上質の紙が漉ける、「都」に近い製紙地ということになります。

5　摂関家で重宝がられた「賀美郷の紙」

「藤氏長者」には摂政や関白の職にあった者がなるケースが多かったのですが、氏長者と摂関職が合わさり、完全に同じ家系（親子・兄弟）でつながるのは関白兼家の後継者として次の関白に就いた道隆からのことになります。

道隆の家族は「中関白家」と呼ばれ、道隆が氏長者かつ関白、若年の嫡男伊周が内大臣に就いて、一家で権力を握りました。

一条天皇の中宮定子は道隆の娘で伊周の実妹にあたり、その定子に清少納言は仕えています。

道隆の病死後、同じく関白職に就いた次弟の道兼は「七日関白」と呼ばれており、就任直後に流行り病で急逝します。

その後に権力を握ったのが、道隆、道兼の弟の道長で、「藤氏長者」となり「内覧職」「太政官一上」と「右大臣（後に摂政）」に就きます。

一条天皇の中宮彰子は道長の娘で、頼通、教通《のりみち》の実妹であり、こちらには紫式部が仕えました。

氏長者と摂関職は、その後は道長の子孫の「御堂流」で占められ、頼通、教通、師実《もろざね》、師《もろ》

図表7_3

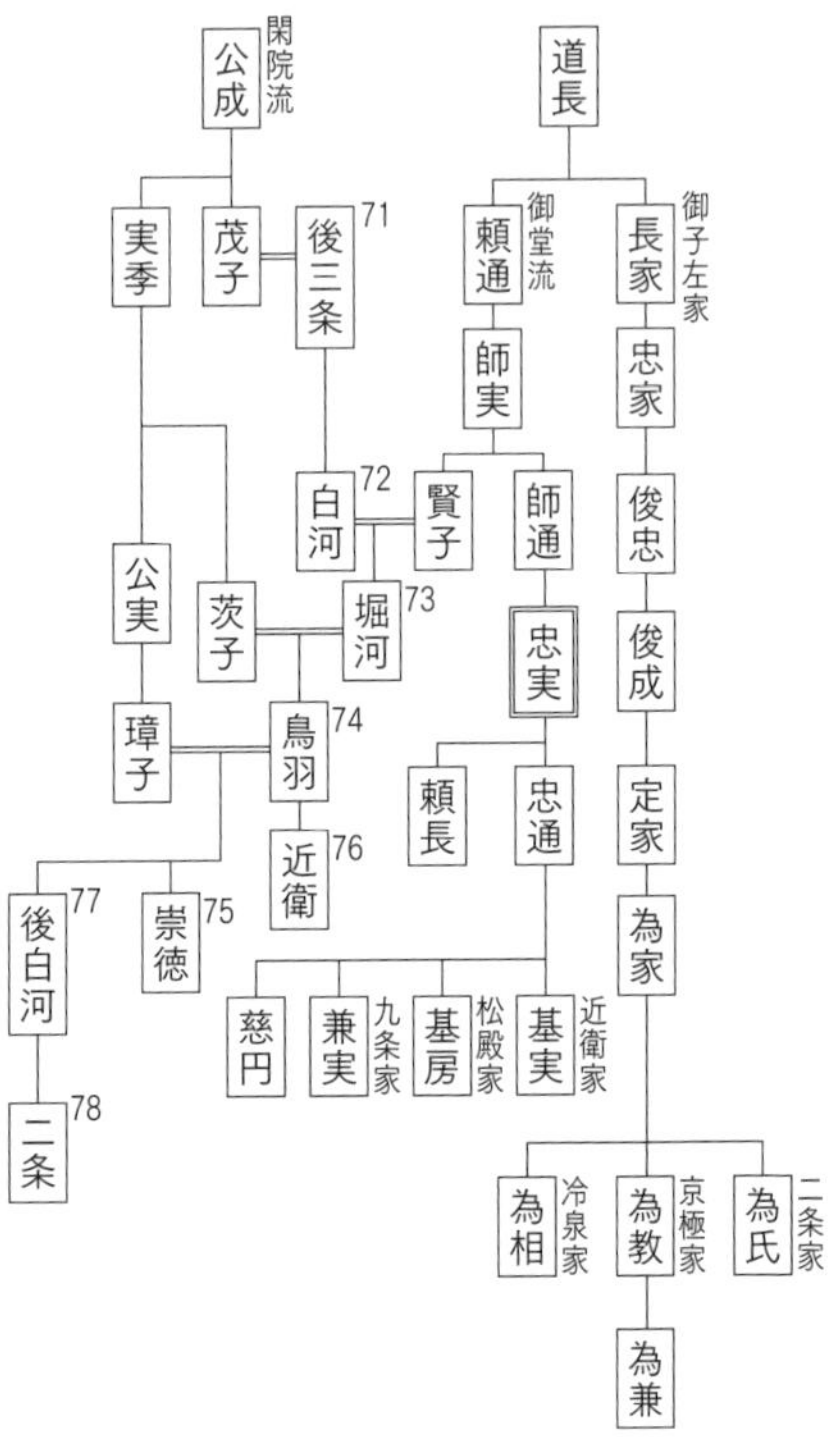

通《みち》、忠実《ただざね》、忠通《ただみち》へと続き、教通（頼通の弟、関白在任は短期間）を除けば、すべて嫡流に継承されていくのです（図表7_3参照）。

よって実際に「摂関家」と称されたのは、最高権力者であった道長の後継者の「頼通」の時代からであったと考えます。

道長の玄孫（孫の孫）関白藤原忠実の日記『殿暦《でんりゃく》』永久4年（1116）7月11日条に「相原庄紙」の名が初めて見えます。

11日、壬寅、天晴、早旦参院、依召参御前、數剋候、退出、供養佛、正了智、

導師永縁法印、今日姫君・内府各奉倉納、各調度一具、鞍一具、
姫君〔藤原泰子〕倉納、調度一具、
件調度宇治殿〔藤原頼通〕令奉四条宮〔藤原寛子〕、従宮給云々也、
鞍一具、銀地葦手、予新調也、
椙原庄紙百帖
内府〔藤原忠通〕倉納、調度一具、沃懸地、蠻繪、螺鈿
件調度京極北政所〔源麗子〕調度也、大殿〔藤原師実〕初令渡北政所給時被立之、
北政所給予也、吉事時必立之、
鞍一具、水精地、件鞍家相傳寶物也、
椙原庄紙百帖

忠実調度鞍具等を泰子及び忠通に頒つ
泰子分　頼通より太皇太后に相傳の調度
鞍一具、椙原庄紙、
忠通分　麗子より忠実に相傳の調度
鞍一具、椙原庄紙、

関白忠実が仏供養の際に、娘の泰子〔のち皇后〕と長男忠通〔のち関白〕に、家傳《かでん》の宝物と一緒に「椙原庄紙」百帖〔5000枚〕を贈っているのです。永久4年（1116）の記事なので、摂関家の内で椙原庄紙が貴重な紙として使われていたことが分かります。

それまで「杉原紙」の初見は正安2年（1300）の「高野版印板目録」とされており、「杉原紙は平安時代には貴族の間では使われていなかった」とされてきたのですが、この学説が『殿暦』の発見で一気に覆りました。

貴族間で使われていないどころか、最高貴族の藤原摂関家で「宝物」を扱うのと同じように「椙原庄紙」が重用されていたことが判明したからです。

「賀美郷の紙」は、摂関家の側からは自分の荘園の紙ですので、荘名を採って「椙原庄紙」と呼ばれていました。この『殿暦』の記事から、永久4年（1116）より前に、播磨国多可郡賀美郷は「椙原庄（杉原庄）」と呼ばれる摂関家の荘園となっていたことが分かります。

日記『殿暦』に記載のある「椙原庄紙」は、「賀美郷」で漉かれていた平安中期において最高品質を誇る紙だったことも分かっていただけたと思います。

多可郡「賀美郷の紙」は、藤原摂関家の「椙原庄紙」（現在の多可町の「杉原紙」）につながりました。

6　摂関家の荘園とされた「賀美郷」

従前から「庄務本所進退所々」の中に「播磨国相原庄 京極殿領内 資平」との記載があるとして、「相原庄」が京極大殿・藤原師実（1042〜1101）の時代には荘園として成立していたことが確実視されてきました。

「所領の濫觴委くは延久2年（1070）10月の進官目録にあり」と記されている建長5年（1253）の『近衛家所領目録』には、播磨国に関しては高岡荘・大幡荘・有年荘・瀬賀荘・相原荘・坂越荘の名前が出てきます。

「延久2年（1070）の進官目録にあり」となれば、関白は頼通から弟の教通に代わったばかりの頃であり、50年間の長きに亘る「頼通」の治世か、大きな権勢を誇った「道長」の時代、あるいはもっと以前に「相原庄」が荘園化されていたことになるのです。

当時から「米」「塩」「紙」は『三白《さんぱく》』と呼ばれて、特に貴族階級の生活には欠かせないものとされてきました。飯米の確保は容易ですが、特産品の安定的な確保は難しく、相原荘は「紙」の産地、坂越荘は「塩」の産地ということで、藤原氏は「紙」「塩」を得ようと意図して荘園化したとも十分に考えられます。

同様に、先に記した「備前国鹿田荘」には、畳に使う良質な「イグサ」を求めたのかもしれません。

この『近衛家所領目録』には「九条家」に伝領された荘園の記載はありませんので、摂関家荘園数は各国ともに2倍に近い数であったものと思われます。

また元の摂関家の荘園のうち、忠実から忠通への伝領ではなく、忠実から頼長〔忠実の三男、忠通の弟〕に継承された荘園は、「保元の乱」の後に没官領として取り上げて、院政期に後白河領〔長講堂領：約180カ所〕とされていますので、前述の『小右記』の記事通り、忠実以前の摂関家荘園が膨大な数であったことが分かります。

多可郡の賀眉里エリアでは、賀美郷「椙原庄」が近衛家所領、荒田郷「松井庄」が摂関家領→皇室領（長講堂領）、那珂郷「安田庄」が九条家所領となっており、隣接の南部・西部の瀬賀荘と大幡荘は近衛家所領となっており、多可郡周辺はほとんどが摂関家の荘園だったのです。

先にも記しましたが、東部の葛野庄には皇室領が含まれています。畿内に近い播磨国や丹波国では摂関家荘園と皇室領が圧倒的に多く、多可郡や近傍の郡郷もその例に漏れていないことが分かるのです。

引用した『近衛家所領（進官）目録』は後三条天皇の延久元年（1069）の荘園整理令に対する摂関家の回答文書のような気がしてなりませんが、ともかく「椙原庄」は、延久2年

（1070）よりも先の時代に摂関家の荘園となっていることが分かるのです。

また、『権記』の著者の藤原行成は、小野道風、藤原佐理と並ぶ書道の大家「三蹟《さんせき》」の一人で、世尊寺流《せそんじりゅう》の祖で世尊寺行成とも呼ばれており、書道に係る書『麒麟抄』を著したのも行成なのではないかといわれています。

藤原行成は一条朝の前期に播磨守〔従五位上〕を歴任しています。正暦2年（991）に正五位下と位階を上げていることから、播磨守への任官は寛和3年（987）～正暦2年（991）の内です。

行成は能書家ですので播磨国の抄紙《しょうし》地には詳しかったと思われますし、また当然、書写料紙として優良な播磨紙〔多可郡賀美郷産〕を使ったことでしょう。その紙質の優秀さに気付いて（この時点で賀美郷が「殿下渡領」となっていないとすれば）、賀美郷を摂関家への寄進荘園にさせたのは行成ではなかったか、とも考えられるのです。

『群書類従』『麒麟抄』正編十巻附録二巻の寛弘7年（1010）巻九「書状躰用意事」の中に、「杉原紙」の名が見られます。

江戸時代に編まれた『群書類従』は、博学・博識で有名な総検校の塙保己一が古書の散逸を危惧して収集し、丹念に検閲して編纂した一大叢書です。

以下に「百万塔〔公益財団法人「紙の博物館」機関紙〕」に掲載されている河野徳吉氏（東京都市大学名誉教授）の論文、「京都の紙」〔中世の料紙～杉原紙とその周辺～〕から、『麒麟抄』についての関係箇所と同氏の所見を引用します。

先紙ハ皆板目ノ方を裏トする也、但シ杉原紙ハ板目ガ面成。一重ヲ取リ両方ノ端ヲ合テ見ニ長方ヲ端トスベシ、（中略）立文之時ハ此上ニ礼紙トテ一紙ヲ巻キテ上所。謹上進上等ノ言ヲカクナリ。アルベキヲ内封ニハセザル成。

これは藤原道長が摂政となった長和5年（1016）頃に、新しい立文・礼紙とし「あるべきを内封にはせざる也」となっていった。おそらく「貞観政要」の諸規則の遵守を旨とし、儀礼の基本を伝え、禁裏長橋局、御学問所、郷家の教育斎院にての躾作法を教える用事としたものだ。先に述べている「一重を取り、両方の紙の端を合わせて見るに長方を端とすべし」と諸礼式に合わせたものといってよい……との見方です。

この記事からは、道長政権下の寛弘7年（1010）までには、「摂関家」や「世尊寺流」の中で「杉原紙」が使われていたことが分かります。

また行成が播磨守であった時に寄進荘園化されたとすると、正暦元年（990）頃となり、道隆の娘の定子が一条天皇に入内、道隆が関白となり「中関白家」が栄える頃とちょうど重なるのです。

中宮となった定子に清少納言が仕えるのは正暦4年（993）のことです。

藤原行成の『麒麟抄』著者説をとれば、「椙原庄紙（杉原紙）」は遅くとも道長政権下の寛弘7年（1010）までに、また行成の播磨守在任時の貢献説をとれば、さらに早く正暦元年（990）に、「椙原庄紙（杉原紙）」は藤原北家〔摂関家〕およびその周辺で重用されていたことになります。

後の鎌倉期には五摂家が成立しており、摂関がその間で移動することがありましたが、そうした事態に伴い管理者（家）が移動する「摂籙《せつろく》渡領」と称する荘園がありました。これには元からの「藤氏長者渡領」や「勧学院領」のほかに、道長が建てた「法成寺領」、彰子の設けた「東北領〔法成寺内の寺院領〕」、頼通の設けた「平等院領」がさらに加わっており、時の摂関家の経済基盤を一層強めたものと思われます。

ここで振り返りたいのが、「殿下渡領」と称する摂関のみが伝領する荘園のことです。

京都から見て播磨国のほうが近いにもかかわらず、なぜ備前国の鹿田荘が冬嗣の時代の弘仁

8年（817）に荘園となり、「殿下渡領」になっていったのでしょうか。
鹿田荘は今の岡山市南部の旭川右岸の地ですので、輸送には山陽道か海路を使ったのでしょう。播磨の中でも「多可郡賀美郷」は北東部に位置し、官道の旧山陰道を通れば京都・奈良に近い位置にありますし、多可郡の各郷からは南に出て山陽道も使え、備前よりも都の近くにあるのです。

しかも「多可郡賀美郷」は播磨国内の製紙地の中でも一番良質の紙産地で、まさに「播磨紙の主産地」なのです。

また同じ多可郡の那珂郷なども水田農業の先進地なのです。

藤原北家は、どうしてこの適地を荘園化して「殿下渡領」としなかったのでしょうか。

備前国鹿田荘の場合は、領有を巡る紛争があったので、表に荘名が現れているだけで、同じ時期に播磨国にも多くの「殿下渡領」があったとは考えられないでしょうか。

冒頭に記した通り、この時代の記録が残っておらず、極めて不透明なのです。

筆者は、多可郡の各郷は（賀美郷を含めて）「殿下渡領」になっていたものと考えます。

現在の多可郡多可町には「藤」の付く苗字が、おそらく全国の他地域に比べて構成比で見て、圧倒的に多いと思われるのです。

詳細に亘る実態調査はしておりませんが、多可町内の姓の中で一番多いと思われる苗字は

「藤本姓」です。それに藤原・藤田・藤井の姓も数多く、そのほかに「藤が上に付く姓」としては、藤村、藤浦、藤永、藤川、藤岡、藤賀、藤中、藤森などがあります。また「藤が下に付く姓」としては、安藤、伊藤、遠藤、北藤、後藤、近藤、内藤、依藤などの苗字を見ることができます（2015年版・多可町テレパル電話帳による）。「藤」の付く姓の戸数は、町内の3分の1以上を占めるのではないでしょうか。

それに加えて、賀美郷〔大袋集落〕には『鎌足神社』まであるのです。

これらから見て私は、冬嗣の時代（備前国鹿田荘と同時期なら弘仁8年〔817〕に賀美郷は藤原北家の荘園となり、その後に特別扱いの「殿下渡領」とされ、「賀美郷の紙」は「播磨紙もしくは椙原庄紙」の名前で代々の「藤氏長者」に貢納され、重用されてきた最高品質の紙である、と考えています。

題字揮毫 文学博士 新村出

播州ハ南ニ水運至便ノ内海ヲ擁シ　北ニ中国脊梁山脈ヲ負ヒ沃野千里夙ニ人文ノ啓ケシコト明石原人ノ発見ニ徴スルモ明也　製紙ノ如キモ奈良時代既ニ美紙ノ産地トシテ聞ユ　平安時代紙屋院ノ機構衰フルヤ　椙原庄紙ノ名卒ニ京師ノ文献ニ出ズ　最モ古キハ関白忠実ノ永久四年殿暦ニシテ　実ニ十二世紀ノ初頭ニ当ル　此事ヤ蓋シ抄紙ニ適シタル椙原庄ガ近衛家領タリシニ因ラン　該紙爾来椙原又ハ杉原ト呼バレ国内ヲ風靡シ上下ノ愛用ヲ受ケ中世ニハ品種ヲ示ス普通名詞トナリ連綿近時ニ及ブ　紙歴斯ノ如ク永キハ比類無カラン　惜シムラクハ当今杉原谷ニ此紙ヲ漉ク者無シ　歴史ヲ考ヘ伝統ヲ尚ブ郷党合議リ恰好ノ地ヲトシテ杉原紙発祥ノ碑ヲ建テントス　播磨ハ余ノ郷里而モ先年杉原紙ノ源流ヲ尋ネ帝国学士院会員京都大学名誉教授新村出博士ニ従ヒ入村セシ縁ニ因リ　博士ニ題字ヲ乞ヒ余文ヲ撰ス　時ニ昭和四十一年春三月

甲南大学教授文学博士　壽岳文章書

8・紫式部が愛した「椙原庄紙」

1　多彩な顔を持った「賀美郷の紙」

大国の播磨は広大で、東播磨・西播磨と区分されることがあり、東播磨のほうが都に近い地域となります。

その東播磨の一番北側に位置するのが多可郡で、なかでも賀美郷は但馬・丹波の両国に突き出た地形となっています。

そして賀美郷だけが南側の諸郡と比べて林相が大きく異なり、豊富な森林資源に恵まれた水源の里なのです。そこには料紙原料に適した楮や雁皮などが大量に自生していました。

今でもいえることなのですが、賀美郷の楮で紙を漉くと、不思議なことに他の地域産の楮で漉く紙よりも「白い紙」になるのです。気候を含めた自然条件と立地条件が良質な原材料

（楮）を産し、清らかな軟水と独自の製法、高度の技術がそれを可能にしていると思われます。「賀美郷の紙」の技法は、その発祥時に秦氏一族の紙工の優秀な技術に、出雲の紙の製法が混ざり合った創作法なのかもしれません。

民業での紙漉きですので、様々な原材料を自由に組み合わせて、創意工夫を凝らすなかで、多様な紙を大量に漉いたはずです。

紙質の向上を追求する一方で、当然、効率性も重視されています。

昔の紙の検証の方法がないのですが、楮と雁皮の繊維を短く切って混ぜ合わせ、丁寧な叩解《こうかい》作業を重ねたうえで「流し漉き法」で漉き、天日乾燥させた最上級の紙（檀紙）が「摂関家」に貢進され、これが「椙原庄紙」と称されたのではないかと考えます。

楮と雁皮を混合させた良紙（檀紙）で、但馬・丹波に突き出た賀美郷から丹波に入り、旧山陰道を経て都の紙座に運ばれ、京都貴顕や寺社の間で流通したのが「但馬紙」だったはずです。

但馬紙の差別化の中で、品質に応じて、上質紙を但馬紙（檀紙）、普通紙を丹波紙として区別がなされた可能性もあります。

賀美郷から南へ運ばれ、国府・各郡衙での使用はもとより、播磨の神社仏閣で用いられ、山陽道を経由して京都へ入った紙が「播磨紙」です。

播磨には「賀美郷」がありましたので、国府や官衙では賀美郷の産紙を主に用い、国衙周辺での紙漉きは中断されていたと考えます。

また播磨国内の神社仏閣からは同系列の大寺院などにも紙が送られ、特に多可郡に数多い真言宗の寺院からは、京都の東寺（教王護国寺）や高野山にも紙が届けられています。

このように「播磨紙」として出された紙が賀美郷の主力産紙で、これまた多様であり、「播磨薄紙」・「播磨経紙」・「播磨中薄紙」・「播磨厚紙」など、色々な品質と紙の大小がありました。

その後、賀美郷では、粘剤として「ノリウツギ」や「トロロアオイ」の利用が始まり、ここから楮だけで漉いた良質の紙を流通させることができるようになります。これが「杉原紙」で、質実剛健を旨とし華美を嫌う武士階級や神社仏閣の間で好まれ、大量に使われるようになっていくのです。

このように賀美郷の紙は、「播磨紙」・「摂関家の椙原庄紙」・「但馬紙」・「丹波紙」、そして遅れて「杉原紙」などの多彩な顔を持って、播磨国内はもとより、都に運ばれ京都貴顕や神社仏閣、さらに関東にまで広く出回っていったのです。

2　紫式部が愛した紙――道長と椙原庄紙

平安貴族の間では専ら檀紙が使われ、皇族が使う美濃紙、官吏が使う紙屋紙のほかに、地方から檀紙の陸奥紙や但馬紙が都に入っていたことは先にも触れました。そして但馬紙〔檀紙〕の正体が「賀美郷の紙」であったことも示しました。

その同じ時代にあって、最高貴族の摂関家では「椙原庄紙〔高級檀紙〕」を使っていたのです。

当時、男性貴族は檀紙を用いましたが、女性貴族は檀紙と呼ばれた紙を使っていません。この当時は男性と女性で使用する紙の種類が異なるのです。

では、女性はどこの産地の、どのような紙を使ったでしょうか。

女性皇族は美濃の薄紙、中・下流の女性貴族たちは紙屋院で漉く薄紙や漉き返し紙を使ったでしょうが、藤原摂関家と関わりを持つ女性貴族たちは、「椙原庄紙〔高級薄紙〕」を使っていたと私は考えています。

先述した関白藤原忠実の日記『殿暦』に、父祖伝来の宝物と同列視して記されている「椙原庄紙 百帖」との記載については、忠実から娘の泰子〔後の皇后〕に贈られたものは「最高級の薄紙」〔5000枚〕ですし、長男の忠通〔次の関白〕に贈られたものは「最高級の檀紙」〔5000枚〕であったと考えられます。

「中関白家」の関白道隆は氏長者として椙原庄紙を操れる立場にありましたので、娘の定子が入内の際に最高級薄紙の椙原庄紙を持参させた可能性が高く、中宮の定子が清少納言に渡した紙は「薄様の椙原庄紙」で、これが『枕草子』の書かれた清書用の料紙だったと考えます。

また同じく「中関白家」の内大臣伊周が一条帝に贈った「極上の紙」は、その中でも最高の品質を誇る「檀紙の椙原庄紙」だったはずです。

以上の推理・推測が正しければ、紫式部が使った紙は「薄様の椙原庄紙」で間違いない、とここでは言い切らせてください。

紫式部は道長からの要請をただの要請とだけ受けずに、自分の持てる能力を駆使し、純白の紙を前に、嬉々として『源氏物語』の執筆に勤しんだと思われます。

そして一方の道長は、才能を輝かせている式部を見るのが楽しみであり、その視線は常に優しかったと想像できます。

初孫となる敦成親王の誕生の詳細な記録を母となる彰子の傍らで書かせたのは、紫式部への道長の甘えですが、式部はこれに優しく応えています。

道長が一条天皇に見せてともに喜び合った「出産記録」も椙原庄紙（高級薄紙）に書かれたはずです。

『紫式部日記』も、その料紙は「薄様の椙原庄紙」に違いありません。

女流作家としての紫式部は、料紙としての「椙原庄紙」を常に友として愛し、この摂関家の気品のある真っ白な高級紙に、長編の『源氏物語』を著すことの喜びを感じていたはずです。

道長と紫式部の関係性がどうであれ、相思相愛に似た情感をともに有していたのは事実であり、紫式部は最高権力者として成長していく道長の姿を温かく見守り、また道長の深い情念を陰と陽に感じながら物語の執筆を続けていくのです。

中宮彰子の女御として、道長から貰った純白の「相原庄紙」をこよなく愛し続け、道長への深い愛情をその紙に思いっきりぶつけて書き上げたのが、今の時代にまで残り、世界史上にも燦然と輝く『源氏物語』なのです。

3 『紫式部日記』に見る「真夜中の戸」

大河ドラマ「光る君へ」では式部と道長の関係が恋愛以上のものとして描かれています。脚本では紫式部が道長の妾であったとの説を採っているかのようです。

夫の宣孝没後、失意の状況にあった紫式部に大量の良紙を渡し、物語の執筆を促して彼女の才能を引き出し、また彼女を娘の中宮彰子の後宮に入れたのも最高権力者の道長でしょう。評判の良かった定子の後宮に比べ、万事が地味で女房が質的に劣るとされた彰子の後宮への人的な補強を、道長は一刻も早く図りたかったのです。

また彰子への漢籍の伝授もさることながら、道長は式部を後宮に入れることにより、彼女に対して様々な援助ができると考えたのでしょう。

紫式部の著した「物語」は貴族社会の中で高い評価を受けます。その評判から、道長は後半編を書くように式部に要請して『源氏物語』は完成を見、その続編として「宇治十帖」も書かれたのです。

もちろんそれら料紙は「薄様の楮原庄紙」であり、『紫式部日記』で紹介したように、摂関家の貴重な紙を道長は惜しげもなく紫式部に大量に手渡したのです。

図表8_1

『紫式部日記絵巻』写本・国立国会図書館蔵

ここで同じく『紫式部日記』に記されている「真夜中の戸」（図表8_1参照）といわれる記述内容をご紹介します。

渡殿に寝たる夜、戸を叩く人ありと聞けど、おそろしさに音もせで明かしたるつとめて、

夜もすがら 水鶏《くびな》よりけに なくなくぞ 真木の戸口に 叩きわびつる

（返し）ただならじ とばかり叩く 水鶏ゆゑ

あけてはいかに くやしからまし

渡殿《わたどの》は紫式部が道長の土御門殿滞在中に局を与えられていた場所です。そこの戸を真夜中に、忍びやかに何度も叩く音に、紫式部は殿方だと気づきました。それが誰かは想像できたのですが、紫式部は怖くて、その戸を開けることを拒んだという内容です。

そして翌日に実際にあった和歌のやり取りへと記事は続いていきますが、戸を叩いた人の名前を『紫式部日記』では明かしていません。

この記事は寛弘5年（1008）梅雨の頃のことと推測されていますが、前後する時期の和歌の応答から、戸を叩いたのは道長だとされています。

後のことになりますが、歌人の藤原定家はこの二つの和歌を『新勅撰和歌集』の「恋」の部に載せ、「夜もすがら」の作者は道長〔前摂政太政大臣〕、返歌の「ただならじ」は紫式部である、と明示しています。

図表8_2

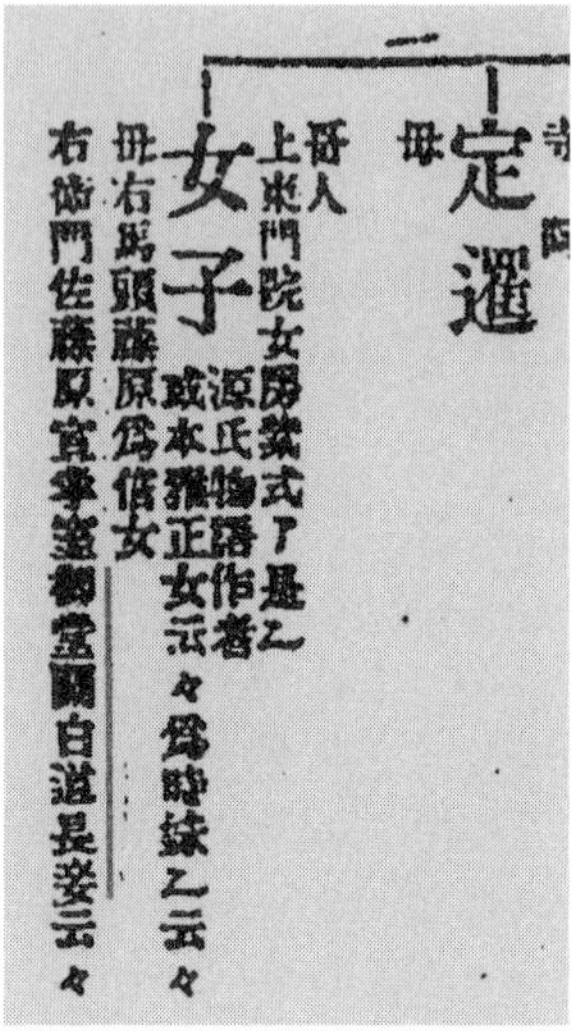

明治後期に出版された書籍より引用・国立国会図書館蔵

また14世紀に成立した系図集『尊卑文脈』においては、紫式部について「歌人 藤原為時娘 上東門院〔彰子〕女房 紫式部之也 源氏物語作者……御堂関白道長妾（図表8_2参照）」と記されています。

この当時の「妾」は正室ではありませんが、公認された妻の一人（側室）であると解されています。

紫式部についての「御堂関白道長 妾（側室）説」は、どうやらこのあたりの記述から起こっているようです。

9・それからの「椙原庄紙」

1　「杉原紙」と名を変えた時代

関白忠実の日記『殿暦』永久4年（1116）7月11日条には「椙原庄紙」との記載があり、摂関家の内では自家の荘園の紙ですので「庄」の名を付けて呼ばれました。

しかし下賜された「椙原庄紙」が京都貴顕の間に広がるにつれ、摂関家以外の公卿たちは「庄」を省いて「椙原紙」と呼ぶようになりました。他の公卿たちや大寺院にとっては自分の荘園の産物ではありませんので、「庄紙」と呼びにくかったのかもしれません。

摂関家の家司である平信範の日記『兵範記』の仁安2年（1167）の紙背文書（紙の裏側に書かれた文書）の1165年頃の記事に「椙原紙」との記載があります。この文書には「椙原庄紙」が「椙原紙」と書かれています。

それから約100年後、京都の八坂神社の弘安元年（1278）の記録には「杉原十帖」とあり、「椙」の字が「杉」に変わり、「杉原《すぎはら》」と記されるようになっています。100年の間で、文字の上での変化も見られますが、おそらく「椙」と「杉」とが併用されていたのでしょう。

またこの間においては、摂関家荘園の「椙原庄」で漉かれていた紙の種類や製法にも大きな変化があったのではないか、と私は考えています。

それは粘料に外来品種のトロロアオイを用いることで、原料の楮だけで「良質の紙」が漉けるようになったのではないか、との推察です。

新しく漉かれた純粋の楮紙は、檀紙の性質を残しながらも、質素で、白く、強靭な紙となり、「杉原紙《すぎはらがみ》」の呼称で紙の新しい需要者層（武士階層）や未普及地（関東など）に広がっていったのではないかと考えるのです。

華美を好む京都貴顕の間ではすでに「椙原庄紙」に加え、「賀美郷の紙」がその名を変えた「但馬紙（檀紙）」や「播磨薄紙」が使われていますので、新たに「杉原紙」を使ってもらう必要はありません。

「杉原紙」は京都貴顕以外の新しい需要者（武家層）を開拓しながら、全国各地に広がっていきました。

民間の製紙地側（椙原庄）では、楮紙の「杉原紙」は他の紙種に比べて、大量生産が可能で、生産性が上がり、収益性が高まったもの、と考えるのです。

2 「武家の紙」は杉原紙――鎌倉幕府の公用紙

元弘3年（1333）にできた『北条九代記〔武家年代記とも称す〕』に、「杉原紙 初めて流布す」との記事が見られます。

鎌倉時代の初代執権北条時政から9代貞時までの歴史のあらましが記録された書物ですが、承久元年（1219）のところに、「鎌倉において杉原紙の利用が始まった」と書かれているのです。

「承久の乱」の後には京都に六波羅探題が設けられ、都と鎌倉の間の往来が頻繁になっており、「杉原紙」が鎌倉に伝わり「華美でなく、質実にして強くて白い紙」と評価され、関東一円に広がったと考えられます。

そして「杉原紙」は鎌倉幕府の公用紙とされ、「武家の紙」と称されることになっていくのです。

また室町期に記された『書札作法抄』には、「武家ニハ杉原ナラテハ文ヲ書カヌ事也。引合、檀紙ナトニテハ努々不可書」とあり、武家への書状は杉原紙に限られ、引合や檀紙を用いてはならなかったのです。

「杉原紙」は「武家の紙」として、明確な位置付けがなされていたのです。

3 神社仏閣での重用──高野山、京都五山、鎌倉五山

「杉原紙」が鎌倉にて流布し始めていた頃、同じ鎌倉の記録に「播磨薄紙」の名が見えます。寛覚《かんかく》という僧侶が記録した『太元秘記』がそれで、天福2年（1234）正月13日条に「被引布施　播磨薄紙四帖……」と記されているのです。正月9日条には「〔鎌倉〕幕府、佐々木信綱ヲ評定衆ト為ス」との記事が見えることから、寛覚は幕府と折衝できる立場の鎌倉五山の高僧であったと思われます。この記録により天福2年（1234）には「播磨薄紙」が鎌倉の地において寺院の布施物として使われていたことが分かります。

杉原紙は真言密教の聖地である高野山でも使われていました。正安2年（1300）の『高野版印板目録』に「料紙椙原」の4文字が2回出ているのです。高野山では真言宗を広めるために「経本」をたくさん作ろうと考え、印板による印刷を始めたのです。

そして印板印刷に最も適した紙として選ばれたのが、強靭な紙質の「杉原紙」だったのです。真言宗の経典が印刷された「杉原紙」は、全国各地の寺院や檀家に届けられることになり

ます。

高野山での印板による経典印刷の方法は、他の宗派にも広がりました。

印板用の杉原紙を一番手に入れやすかったのは、多可郡内の真言系寺院のほかには、杉原庄の南隣の松井庄にある「瑞光寺」です。

元弘2年（1332）に「夢窓疎石《むそうそせき》」を開山とした臨済宗天竜寺派の「瑞光寺」は、調達できた大量の杉原紙を京都の本山「天竜寺」に送ることができ、その天竜寺を経由して京都五山と呼ばれた相国寺、建仁寺、東福寺、万寿寺のほか、南禅寺や大徳寺でも印刷や写経の料紙として「杉原紙」が使われたようです。

『太平記』には、元弘3年（1333）隠岐から帰還の後醍醐天皇が、播磨の書写山に立ち寄られた折、「杉原紙」に書かれた法華経をご覧になったと記されています。

また建武3年（1336）九州で勢力を盛り返した足利尊氏が瀬戸内海を進んで播磨灘に入る時、勝利を祈願して「杉原紙3帖」を短冊に切り、「観世音菩薩」と自らが書いて、それを船の柱に貼付けさせた、との記述も出てきます。

杉原紙が鎌倉時代から南北朝時代にかけて、「紙のシンボル」として重用されてきた証しです。

4　中世を代表する「特産品」

杉原紙は、中学社会「歴史的分野」の教科書〔日本文教出版：平成23年検定済〕にも掲載されています（図表9_1参照）。

図表9_1

1 このほか，加賀《かが》(石川《いしかわ》県)の絹《きぬ》，常陸《ひたち》(茨城《いばらき》県)の絣《かすり》，備前《びぜん》(岡山《おかやま》県)長船《おさふね》の太刀《たち》などが知られています。

『中学社会　歴史的分野』(日本文教出版)より抜粋

　室町時代には、商業と手工業がますます発展し、杉原（兵庫県）の紙、瀬戸（愛知県）の陶器など、各地の特産物も増えました。商人や手工業者は、座とよばれる同業者の組合をつくり、生産や販売の独占を主張しました。

　室町期の特産品についての記述ですが、中学校の教科書には和紙の代表として「杉原紙」か「播磨紙」の名前が

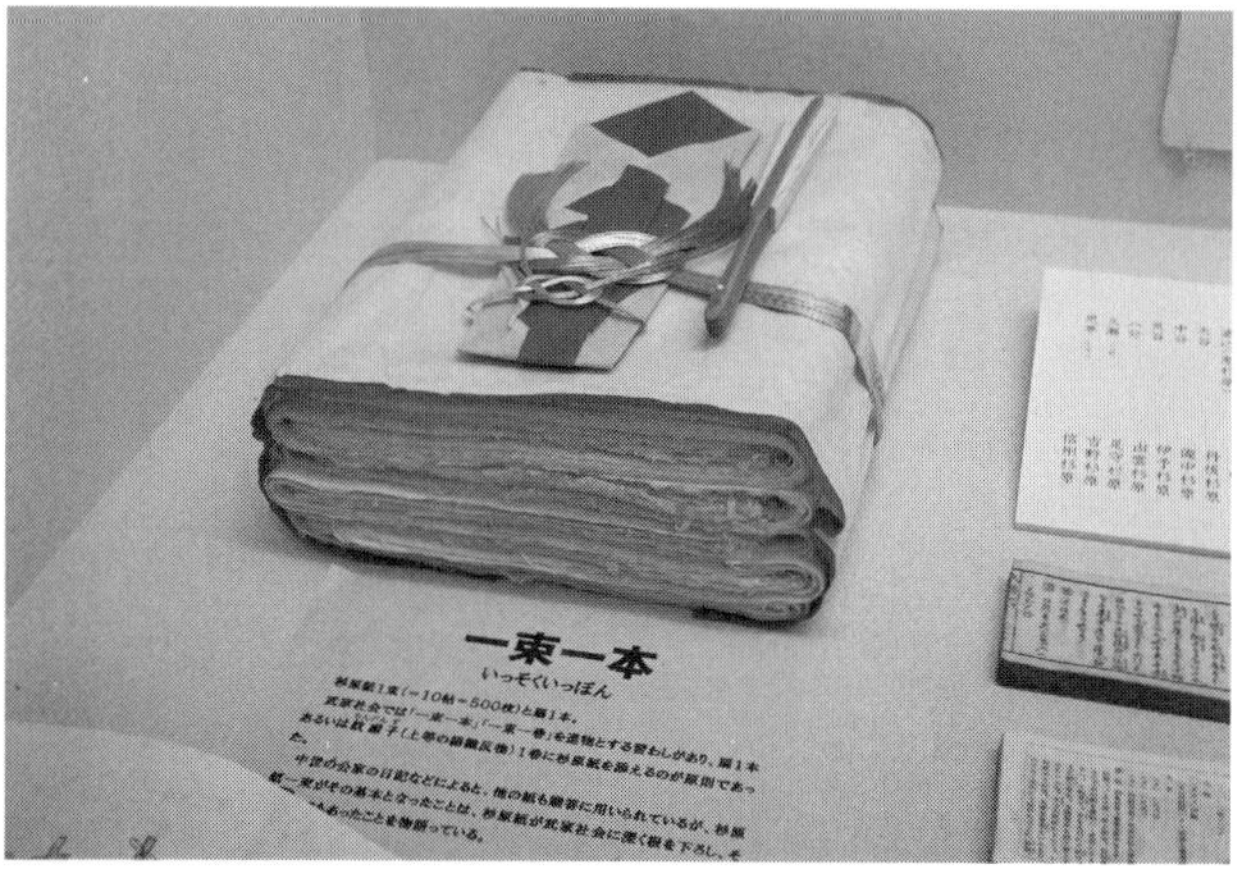

杉原紙の里の「寿岳文庫」に保管されている『一束一本』

必ず出ています。

南北朝期から室町初期に普及した『庭訓往来《ていきんおうらい》』には、諸国の特産品を一つずつ記した箇所がありますが、播磨国からは「杉原紙」が挙げられています。

全国に名の知れ渡った「杉原紙」が、播磨国を代表する特産品として世間的に認められているのです。


室町中期から江戸初期にかけての最高の贈物は、『一束一本《いっそくいっぽん》』と称された良質の純白紙〔500枚〕です。これは一帖ごとに互い違いに重ねられ、上等な紐で一束に括られ、上に赤い飾りを付して、扇子を一本だけ置いたかたちで整えられた最高級の紙の贈答品です。

『一束一本』に使われる紙は「極上の杉原紙」に限られており、専ら献上品として用いられていました。

『太閤記』には天正9年（1581）12月、秀吉が安土城に信長を訪ねたとき、献上の数々の品物を持参する長い行列の先頭に、『一束一本』の紙が「300束」もあったと記されています。

秀吉は播磨に長期間滞在していましたので「杉原紙」の品質の良さを十分に知っており、また贈られた信長が必ず喜ぶであろうことを確信していたと見受けられます。

したがって「杉原紙」は、贈られた信長や贈った秀吉自身が使っていた紙であることも分かるのです。

5　日本一の紙は「播磨杉原」――『醒睡笑《せいすいしょう》』

笑話集『醒睡笑《せいすいしょう》』巻の三の記述を紹介します。
京都誓願寺55世住職　安樂庵策伝《あんらくあんさくでん》著　＝江戸時代初期 元和9年（1623）＝
さる處にて、「釈迦の文《ふみ》を見たは」と語る。
聞く人感じ、「声聞《しょうもん》・縁覚《えんがく》・羅漢《らかん》の内、誰々へのあて所ぞや」。
「耆婆《ぎば》が方への文なり」
「さては竹はしに梵字か、文章いかにや」と問う。

「その事よ、紙は日本一の『播磨杉原』に鳥飼様《とりかひよう》をもって、いかにも墨をかうかうと、この程は久しくお目にかからず候、四五日以前霊鷲山《りょうじゅせん》の麓にて風邪を引き、咳気《がいき》散々に候。薬一二可貼候（てふたまはるべくそうろふ）賢《かしく》。耆婆殿まゐる。釈迦判」

日本大百科全書（ニッポニカ）&世界大百科事典より

「落語の祖」といわれる安樂庵策伝の別名は「曽呂利新左衛門《そろりしんざえもん》」ではないかといわれています。その「曽呂利新左衛門」が、日本一の紙は「播磨杉原」だと落語の中で語ってくれているのです。

賀美郷の紙は「播磨紙」、「椙原庄紙」、「但馬紙」、「杉原紙」と、時代を越えてその名を使い分けながら、江戸時代初期まで1000年間の長きに亘って連綿と漉き続けられたのです。我が国を代表する優良紙として播磨の「椙原庄紙（杉原紙）」が存在したことをご理解いただけたかと存じます。

「杉原紙」の知名度はますます高まり、ブランド化されるにしたがって、他国においても、杉原紙を模した紙がつくられ始めました。

播磨国多可郡の固有名詞であった杉原紙ですが、同様の紙質の優良紙が各国で漉かれ、続々と国名を冠した「杉原紙」が登場してきたのです。

室町期の前期に加賀杉原、後期に周防杉原、岩見杉原などの名前が見られ、江戸期に入ると「○○杉原」が頻発してきました。

これにより「杉原紙」は、『紙の代名詞』になったのです。

江戸時代に入ると和紙への需要が一気に高まり、それをまかなうべく紙漉きの各産地は全盛期を迎えます。

美濃や越前などの老舗はもとより、全国の諸藩で紙の振興策が採られ、良質の紙が製造され、高まる需要に対応できるようになりました。時代の要請を受けた様々な品種の紙が漉かれ、江戸期の生活を文化面で豊かにしていくのです。

享保12年（1727）に木村青竹が編集し、その遺稿をもとに50年後に発刊された『新撰紙鑑《しんせんかみかがみ》』は、「紙譜《しふ》」ともいわれる貴重な冊子で、江戸期の紙漉き産地で漉かれた紙の種類や品質などが綿密に記されています。

『紙譜』の「杉原紙」についての記載では、全国各地で漉かれた杉原紙の名前が明らかにされています。

但馬杉原、佐次杉原、三好杉原、加賀杉原、土佐杉原、美濃杉原、阿波杉原、豊後杉原、広島杉原、那須杉原、因幡杉原、越前杉原、岩山杉原、丹後杉原、備中杉原、伊予杉原、出雲杉原、足守杉原、吉野杉原、信州杉原——以上の名前が記され、これら数多くの産地で本家の杉原紙とよく似た品質の紙が漉かれていることが分かるのです。

本家本元の多可郡杉原庄の杉原紙については、「播磨御上り杉原」と大きく記され、他産地の記載とは異なり、格別の扱いが見てとれます。

また播磨の杉原紙だけには種別が特に詳記されており、「大広・大物・大中・漉込・大谷・中谷・荒谷・八分・久瀬・思草」とに分けられています。紙種の中で最も大きいものは大谷と荒谷で、これを縦半分に切ったものが近世の「半紙」です。

このことからも「杉原紙」が江戸期においては、武士や町人の常用紙であったことが窺えます。

加えて別名を「鬼杉原」ともいう「漉込杉原」とともに最上品質の「思草杉原」を『一束一本』で使う特別の紙であると記し、献上用や贈答用の「別格杉原」として扱かっています。「漉込杉原」が檀紙系の少し厚めの最高級厚紙とすれば、「思草杉原」は播磨薄紙を引き継いだ最高級の純白薄紙であったと考えられます。

この江戸期に書かれた『紙譜』の記述により、平安時代に紫式部が『源氏物語』の原本を清書した「紙」の姿が私にははっきりと見えてきます。

私の結論を記します。

藤原道長が紫式部に大量に与えた「薄手の純白紙」とは、中・近世において最高の献上品とされた「播磨御上り杉原」の中で最高級の『思草』につながる紙であり、紫式部は播磨国椙原庄で漉かれた最上質の「純白の紙」に、道長への愛を込めて『源氏物語』を連綿と書き綴っていったのです。

―完―

「椙原庄紙（杉原紙）」は、和紙のプラチナ遺産です。

「椙原庄紙（杉原紙）」は兵庫県多可町の最北の地「杉原谷」に設けられた町営製紙所「杉原紙研究所」において、「文化財」としての保存を主目的として、最高水準の技術力を駆使した「手漉き」による生産・販売の業態にて、上代からの栄誉と栄光を引き継ぎながら、今も連綿と漉かれ続けているのです。

けさも峯降り　千が峰は白い　ならぶ干し板の紙は　なお白い
雪も白いが　紙はなお白い　紙漉く娘は　なお白い
色が白うて　肌もきれい　わたしゃ杉原　山国育ち
京じゃこれでも　おかみの御用

〜杉原谷の紙漉き唄〜

紫式部・道長　関係略年表

西暦	紫式部の年齢	道長の年齢	紫式部の関係記事	道長の関連記事
966		1歳		藤原道長生まれる（父 藤原兼家・母 時姫）
970	1歳	5歳	紫式部、この頃に生まれる（父 為時・母 為信女）	
973	4歳	8歳	母 為信女、この頃に死亡	
977	8歳	12歳	為時が播磨権少掾を経て、東宮師貞親王の副侍読に就く	
980	11歳	15歳		従五位下となる
984	15歳	19歳	花山天皇即位、為時が式部の丞に任じられる	
986	17歳	21歳	花山天皇出家、為時が官位を失う（散位）	昇殿をゆるされる、蔵人、従五位上となる
987	18歳	22歳		左大臣 源雅信の娘 倫子と結婚
988	19歳	23歳		権中納言となる、源高明の娘 明子と結婚、彰子が誕生（母倫子）
990	21歳	25歳	藤原道隆の娘 定子が一条天皇に入内する、道隆が関白、のちに摂政となる	
991	22歳	26歳		権大納言となる
992	23歳	27歳		頼通が誕生（母倫子）
995	26歳	30歳	道隆が死亡、道兼「七日関白」で死亡	
				道長が 内覧の宣旨を受ける、右大臣となる、氏長者となる
996	27歳	31歳	為時が越前守となる、越前に赴任（紫式部も同行）	
			「長徳の政変」で伊周・隆家が失脚、道長が左大臣に転任	
998	29歳	33歳	紫式部が帰京、藤原宣孝（山城守）と結婚	教通が誕生（母倫子）
999	30歳	34歳	娘 賢子が生まれる	

				道長の娘 彰子が一条天皇に入内、威子が誕生(母倫子)
1000	31歳	35歳	彰子が立后、中宮となる、「一帝二后」	
			定子が死亡(清少納言は宮仕えを辞す)	
1001	32歳	36歳	夫の宣孝が死亡	
1005	36歳	40歳	紫式部、この頃から中宮彰子の後宮に出仕する	
1007	38歳	42歳	弟の惟規が蔵人となる	嬉子が誕生、 金峯山に詣でる
1008	39歳	43歳	真夜中の戸(道長が式部の局の戸を叩く) 彰子懐妊、紫式部が出産記録係を道長より拝命、彰子が敦成親王(後一条天皇)を出産 道長が紫式部に女郎花を折って与える	
1009	40歳	44歳	紫式部の『源氏物語』好評、「日本紀の御局」の称を得る	
			彰子と紫式部が後宮で『源氏物語』の冊子づくり(道長が大量の料紙などを提供):一条天皇に献上	
			紫式部の草稿本を(道長が)持ち去る	彰子が敦良親王(後朱雀天皇)を出産
1010	41歳	45歳	「宇治十帖」の執筆開始か	妍子が東宮居貞親王(三条天皇)の妃となる
1011	42歳	46歳	為時が越後守として赴任、弟の惟規が越後にて死亡	
1012	43歳	47歳	藤原実資が彰子を訪問(取次は紫式部)	妍子が立后、中宮彰子が皇太后に
1013	44歳	48歳	実資が琵琶殿に紫式部を訪ねる、紫式部が彰子の後宮を離れる	
1016	47歳	51歳	敦成親王が後一条天皇となり、道長が摂政となる。同年、摂政を辞す(頼通が後継)	
1017	48歳	52歳		太政大臣、従一位に就く
1018	49歳	53歳	道長の娘(三女)威子が中宮となり『一家三后』を成す、道長が「望月の歌」を詠む	
1019	50歳	54歳	この頃、紫式部死亡(?)	
1027		62歳		道長が死亡

追補　『源氏物語』だけではないかも……

1　金峯山経塚出土の道長直筆「紺紙金字経」

■「道長」の直筆写経が国宝に！

この本の原稿執筆が最終段階に入った時、新聞紙面から「道長の直筆写経 国宝に〈文化審答申〉」とのニュースが飛び込んできました。

国の「文化審議会」が平安時代中期に政治の実権を握った藤原道長の直筆写経「金峯山経塚出土紺紙金字経」など6件を国宝に指定するよう文科大臣に答申したというのです。

「紺紙金字経は道長と曽孫の師通が金峯山（現在の奈良）に埋めたお経。一部が金峯神社などに保管されているが、これらとは別に10年ほど前、金峯山寺で大量に発見された。今回は金峯山寺の200枚と金峯神社の79枚を『文化史研究上、極めて価値が高い』としてそれぞれ国宝指定する」との解説文が「紺紙金字経」のカラー写真とともに付けられていました（朝日新聞）。

道長の直筆なので、もしかすればこの「紺紙金字経」は摂関家の紙である「相原庄紙」に書かれているのではないか——との直感が私の脳裏を走りました。

■『兵範記』の紙背文書から分かること

筆者は本文の執筆までに、摂関家の家司を務める平信範の日記『兵範記』の仁安2年（1167）11月25日付の「紙背」にある文書を読んでいます。

この「紙背文書」は一度利用された紙の裏側を再利用したもので、1165年前後に書かれたものです。そこには「相原紙」との記載があり、「相原庄紙」が「相原紙」に変わり、「庄」の字が省略されています。

従前から「名称変化」のみに注目されてきましたが、実はその記載内容についても重要な論点があるのです。

跪以承候了　相原紙今年　最下品候之由　沙汰人等令申候ニハ
半分過返遣候了　見納内　金泥一切経料紙令下行候也
雖然　此程候覧可令召進候　只今小預男等召集候也　雖

自今以後御邊事、爭致粗略候哉　　能盛恐々謹言
十一月廿五日　安藝守能盛

この文書は安藝守の藤原能盛《よしもり》〔平清盛の家司〕が平信範《のぶのり》〔摂政藤原基実《もとざね》の家司〕に宛てた自筆書状です。

「今年の摂関家領荘園の椙原庄からの上納紙は出来が悪いと椙原庄の沙汰人等が申すので、過半は返却し、収納分を紺紙金泥一切経料紙として下行しました。（椙原庄に返却した分の）料紙を上進するために、今回は小預の男等を召集して対応させましたが、今後は決して摂関家を疎かにするようなことには致しません」と謝っているような内容の記事です。

現在も最高級の和紙を漉き続けている町営製紙所「杉原紙研究所」の現場をよく知る私の立場から、少しだけ解説を加えてみます。

杉原紙の紙漉き技術をして、納品したその年の紙の過半が差し戻しを受けたということは、当時の最高水準の紙を漉いていたということなのです。「最高の技術」「最高の芸術品」というレベルでの、抄紙の精通者にしか分からない微妙な出来合いの差なのです。

漉き手（紙工）には、昔も今も紙質に敏感すぎるほどのこだわりがあります。

差し戻しの要因は、その年の気候が特異で原材料（楮や粘料）の質が少し劣ったのかもしれ

ませんし、紙の乾燥時の天候による微妙な異なりかもしれません。当時も今も「椙原庄紙（杉原紙）」には、常に高いレベルの紙質が要求されており、このことは「日本一の紙」が「椙原庄紙（杉原紙）」であったことの証明にもなるのです。

平成28年から3カ年に亘る「杉原紙総合調査事業（文化庁補助事業）」の委員長を務められた湯山賢一氏（神奈川県立金沢文庫長、元・文化庁主任文化財調査官）は、この紙背文書について次のような解説を加えられています。

この記述からは、安芸守能盛が椙原庄の預所の様な立場にあったことがわかり、本文書が摂関家家司の平信範を通じて、摂政の近衛基実に報じられたものと知れる。また、年貢として京上された椙原紙が摂関家関係者においては、主要な貢納品として認識されていた事、当時の杉原で先先のものは、通常の打紙加工を施して経典料紙に用いるには質的には足りない＊が、藍染による紺地金字一切経の料紙としては、十分に利用可能な料紙であったことが知られる。

＊「質的に足りない」：打紙には肉厚のある紙のほうが適すという意味。

湯山氏の解説文を読んで、私は「国宝」として扱われる藤原道長の直筆写経の「金峯山経塚出土紺紙金字経」には「相原庄紙」が使われているとの確信を深めるに至りました。

2　厳島神社に奉納された『平家納経』(国宝)

■「装飾経」の代表作である国宝『平家納経』

さらにまた、平清盛が一門の現当二世（現在と未来）に亘る繁栄を祈って発願し、平家一族（清盛・重盛・頼盛・敦盛など）が分担して経典を筆写した『平家納経』（国宝）についても、同様の見解を持つものです。

平安時代後期の「装飾経」の代表作である『平家納経』の一部が、安藝国の「厳島神社」に奉納されたのは長寛2年（１１６４）９月のことで、先の『兵範記』の紙背文書が書かれた時期とピッタリ重なります。

しかも当時の摂政近衛基実の正室は平盛子（清盛の四女）、摂関家の家司は平信範、相原庄の預所が安藝守の藤原能盛〔平清盛の家司〕と、摂関家の紙である「相原庄紙」を平家一門が使うのには見事な配役がされているのです。

『平家納経』の料紙は本文でも触れてきたように、宮中で使われる「美濃の紙」ではありません。国宝になるほどの芸術品に使われるのですから、当時の最高品質の紙に違いなく、一枚一枚が精選された高級な料紙のはずです。

少しでもその品質に瑕疵があれば、差し戻されるような「日本一の紙」だったのではないでしょうか。

それは、どこの国のどんな紙だったのでしょうか。

安藝国、宮島の「厳島神社」に奉納された『平家納経』の料紙も「摂関家の紙」である播磨国産の『椙原庄紙』だったと考えるのです。

■播磨国多可郡内で「染」工程も行われていた

これまで「染」の工程は播磨国多可郡ではできず、都で染められたものと思い込んでいたのですが、今は考えが変わりつつあります。

承和5年（838）に「唐」の青竜寺に贈られた「播磨雑色薄紙」や翌年に贈られた「播磨二色薄紙」は、当時の美濃の色紙が地元で漉かれていたように、おそらく播磨国内で漉かれています。

「染」には高度な技術力と天然の染色素材に加え、良質で豊富な水が必要です。多可郡はそのすべてに恵まれているのです。

兵庫県の多可郡と西脇市は、近世より先染め織物「播州織」の産地として名を響かせて栄えてきた地域です。江戸時代の寛政4年（1792）に、多可郡比延庄の「飛田安兵衛」が京都西陣で習得した技術を持ち帰ったのが始まりと伝わる播州織ですが、天然染料を利用した

「染」の技術は、昔から多可郡にあったのではないかと思うようになったのです。

染色の技術は奈良時代に大陸から伝えられたもので、「織」も「染」も「紙」も、その精度を高めたのは秦氏の高度な技術です。

『播磨風土記』の多可郡には、今の西脇市域が含まれており、その大半が「都麻里」と呼ばれている地域で、そこにも秦氏の入植があったのです。後に「都麻里」は「多可郡資母郷」などと名を変えていきます。

多可郡はすべての郷において、上代から染色の技術が培われていたと考えても不思議ではありません。

その「織」と「染」の技術がいったん京都に出されて、後の江戸期に逆輸入されたものだからこそ「先染め織物」が地域で受け入れやすく、先染め織物「播州織」の大きな産地が形成できたのではないでしょうか。

3　中学校教科書〈歴史的分野〉に見る「杉原紙」

■「杉原紙」は日本を代表する地域特産品　～室町時代～

「杉原紙」の前身である『播磨紙』の産地は、多可郡全域に及んでいたと考えられます。

「賀美郷」、あるいは「椙原庄」だけで、製紙業の一切が完結を見たのではないのです。

「賀美郷」では紙を漉き、賀美郷だけで賄いきれない原材料の楮の栽培と提供を「荒田郷」から受け、加えて隣接地の「但馬黒川地区」からも良質の雁皮を入れています。

そして出来上がった紙の染色や加工が「荒田郷」、「那珂郷」、「資母郷」で行われ、そこから最高品質のブランド紙として、陸路や水運を利用して京都や関東にまで出荷していたと考えられます。

「播磨紙」→「椙原庄紙」→「杉原紙」とつながるブランド紙の系譜は、地域にマッチした『風土産業』として、多可郡内にしっかりと根付いていたのです。

鎌倉時代から南北朝期、さらに室町時代を通して、「杉原紙」の名前は他のどの紙よりも頻繁に、文献や辞書に出てきています。

もちろん最高の贈物や献上品も「一束一本」の杉原紙です。

「杉原紙」の最盛期といわれた室町時代において、多可郡が「地域総合型」の紙漉き産地であったからこそ、当時の日本を代表する「地域特産品」として高い評価を受けたのです。

結びに中学校教科書「歴史的分野」〔2社〕の記述を記して拙稿を閉じます。

第3編　中世の日本

（2）室町幕府と下克上　③　産業の発展と都市と村

【商人・手工業者の成長】
室町時代になると、商業と手工業もますます発展し、杉原（兵庫）の紙、瀬戸（愛知）の陶器など、各地の特産物も増えました。

82頁〔日本文教出版〕

第2章　中世の日本
第2節　武家政治の動き　　産業の発達と広がる自治の動き
【産業の発達と都市】
……手工業も発達し、刀や農具をつくる鍛冶職人、生活用品をつくる鋳物職人などが活躍しました。
また西陣（京都府）や博多（福岡県）などの絹織物、杉原（兵庫県）の紙、瀬戸（愛知県）の陶器など、各地に特産物も生まれました。

88頁〔育鵬社〕

その他の会社の歴史教科書においても、室町時代の代表的な「地域特産物」として、2社と同様に、「杉原紙」もしくは「播磨紙」の名前を必ず見つけることができるのです。

なぜ私が『紫式部が愛した紙』を書いたのか

■「杉原紙」が歴史上から消えていた……

ここまで本文を読み進めていただいた貴方は、「そんなはずはない」と思われるでしょうが、これから先において「杉原紙」が消える可能性はないとは言い切れません。

杉原紙の　原産地の名は　のこれども
紙を漉く家　いま村になし

旧杉原谷村（現・多可町加美区）に生まれたアララギ派の歌人・山口茂吉（斎藤茂吉の高弟）がこう歌ったのは昭和9年（1934）のことでした。

ところが同じ年に著された『杉原谷村史考』（郷土史家・藤田貞雄著）には、紙漉きに関する記載は一行もありません。

それどころか、当時の錚々たる郷土史家たちが著したと思われる兵庫県郷土誌叢刊『多可郡誌』（兵庫縣多可郡教育會　発刊大正12年12月）を見ても、杉原紙に関する記述はどこにも見当たらないのです。

完全に地域（郷土）の歴史から消えてしまっていることが分かります。

「播磨紙」→「摂関家の紙」→「武家の紙」→「播磨御上り杉原（献上紙）」としての輝かしい歴史を誇り、日本の和紙の代表として1000年間に亘って君臨した『杉原紙』にして、歴史上から消えてしまった過去があるのです。

この忌まわしい過去の異変を解消させたのは、先に記した歌人・山口茂吉の「郷土愛」にほかなりません。

■杉原紙は播磨が発祥地

大歌人・斎藤茂吉（大茂吉）と著名な言語学者・新村出《しんむらいずる》（広辞苑編者）の交流から、「東京・学士会館」での新村と山口（小茂吉）の面談につながり、新村は山口茂吉が話す郷里杉原谷の思い出から、「名紙『杉原紙』の発祥地は播磨の杉原谷に違いない」との心証を得るのです。

一方、日本全国の紙漉き地を訪ね、『紙漉村旅日記』を著した寿岳文章（英文学者・和紙研究者）は、吉田東悟（地理歴史学者）らが唱える「杉原紙・美濃発祥説」に疑義を抱き、「杉原紙・播磨発祥説」を主張していました。

東京大学史料編纂室の研究者、小野晃嗣も新村や寿岳と同様の見解を示していました。

その新村出、寿岳文章の両博士が兵庫県多可郡杉原谷村を訪ね、現地調査を行ったのは昭和15年（1940）8月のことで、先記の藤田貞雄はこの時に両博士に帯同しており、後に杉原紙研究に没頭していきます。

この調査の後、「杉原紙播磨発祥説」に立って新村が著したのが『杉原紙源流考（上）』（昭和15年（1940）11月刊）、寿岳が著したのが『杉原谷紀行』（昭和15年（1940）11月刊）および『和紙風土記』（昭和16年（1941）11月刊）です。

新村出（前列右端）・寿岳文章（後列左端）両博士が杉原谷を訪問

両博士の薫陶を受けた藤田貞雄も、昭和45年に『杉原紙～播磨の紙の歴史～』を発刊します。

■『殿暦』の発見と、新村・寿岳両博士による「碑文」

「平安時代の貴族社会に於て杉原紙は使われていない」とされていた定説を見事に覆したのは、堀部正二の『椙原紙箚記《さつき》』（昭和18年（1943））です。

「椙原庄紙」は何と藤原摂関家が重用する貴重な紙であったことが、関白忠実の日記『殿暦』

〔永久4年（1116）7月11日条〕の発見により判ったのです。歴史的な成果を記したこの論文は、杉原紙の実年代を一気に引き上げ、その発祥地を播磨杉原谷に確証付けるものでした。

史料を重視する従前からの論壇では、この堀部の『殿暦』発見がなければ、新村・寿岳の「播磨杉原説」は異論として残ったとしても、吉田東悟らの「美濃杉原説」に押し潰されていたやもしれません。

歴史からの抹消は、「播磨」で漉かれた紙の歴史が、特記するほど顕著なものではなかったということを意味します。

つまり「播磨紙」から「椙原庄紙」を経て「杉原紙」へとつながる輝かしい史実は、消えていた可能性が高いのです。

「杉原紙研究所」施設前に『杉原紙発祥地の碑』（110ページ参照）が建っています。題字揮毫は文学博士の新村出、撰文は文学博士の寿岳文章です。

多くの方々は立ち止まられることなく「撰文」が刻まれた石碑の前を通り過ぎられますが、私にとっては偉容な心象遺産なのです。

■官営製紙所「杉原紙研究所」の成果と宿命

兵庫県多可町は平成17年（2005）の「平成合併」により誕生した町です。

旧来の三つの町（中町・加美町・八千代町）が合わさって多可町となりました。
そのエリアは、『播磨風土記』編纂時前後の「国郡里制」の多可郡賀眉里とほぼ重なります。町立「杉原紙研究所」は旧加美町時代の昭和47年に設立され、文化財としての保存を主目的に、原料となる地場産の楮の供給量を増やしながら、50年に亘って伝統の手漉き和紙「杉原紙」の紙漉きを続けてきました（現在は兵庫県指定重要無形文化財・兵庫県指定伝統的工芸品）。

そして見事に昔日の「椙原庄紙」と同水準の紙質にまで至り、その最高品質の料紙は最も高貴な場所で使われる公用紙ともなっています。

しかし「杉原紙研究所」の経営自体は、料紙販売や手作り製品の売上増加で赤字幅の縮小を目指しますが、その実態は自治体の繰出金で毎年度の穴埋めが行われ、小さな町の厳しい財政をさらに圧迫する要因の一つともなっています。

また紙漉き作業は、高度な技術を伴う業務であり、特に冬場は「川さらし」など過酷な状況での作業を強いることから、後継者の確保と養成が難しいのが現実です。
「杉原紙研究所」は、紙の漉き手はもちろんのこと、現場作業を支える方々にも、財政面で支援する行政や議会側にも、地域の大きな誇りとして『杉原紙』を捉える意識がなくては成り立たないという「宿命」を背負っているのです。

今の『杉原紙』は〔官製の〕純粋な手漉き和紙で、他の産地のように機械漉き和紙との併用はしていませんし、民間事業者による産地形成もなされていません。

それゆえに、地域住民の間で『杉原紙』への愛着と誇りが失われた時、いかに最高の紙質を維持できたとしても「杉原紙」の紙漉きは消え去るのです。

■「地域への誇り」が失われれば「ふるさと」は亡ぶ

それに杉原紙の原産地、兵庫県多可町を取り巻く環境も大きく変わってきています。急激な少子高齢化と過疎化の大きな波に晒され、自治体の次なる広域合併を避けることはできないでしょう。

行政合併は財政面での強化にはつながりますが、一方で地域特性を喪失させてしまう大きな欠点を持っています。「地域の特性」がなくなり、住民の心底から「地域への誇り」が失われれば、「ふるさと」が亡ぶのは必定です。

よほどの効果的な方策を講じなければ、「ふるさと」が「ふるさと」でなくなってしまうのです。

■未来に向けた燈明《あかり》を灯し、「杉原紙」を発信する

『杉原紙』を残したい……それは郷土の先人たちが、幾千幾万の苦労を重ねて築き上げてこら

れた「地域の宝物」だからです。

1300年を超える歴史と伝統を有し、1000年を超える「盛時」を誇った製紙地は世界的に見ても希少なのです。

「研究所」との名前が付されていますが、紙漉きの技術継承の場ではあっても〔もちろんこれが一番大切なのですが〕、専任の研究員をおいて和紙の歴史や各種史料、紙質の研究をするほどの財政的な余裕は多可町にはありません。

そのことは旧加美町、多可町で首長を5期務めた私が一番よく分かっています。

ならば今、何をどうすればよいか、自分に何ができるのか……。

首長職を卒業した自分自身が、僭越ながらボランティアの研究員となって、杉原紙の研究を重ね、未来に向けた燈明《あかり》を灯して発信するしかない。杉原紙を育んだ多可の地域学と、これまでに得た和紙の知見とを合わせて、自分なりの論考を遺すしかない――。

そんな想いが一入《ひとしお》に嵩じ、今、未熟ながらも筆を運ばせているのです。

参考資料　神崎製紙KK発行　VIEWかんざきNo1　昭和47年5月1日
和紙おちぼひろい（1）
播磨紙のふるさと　寿岳文章

昨年の十一月に刊行された《出版事典》は、私も編集委員の一人であり、全巻の校正に従ったが、とりわけ和紙関係の項目はすべて私が選び、私が執筆した。

なにぶん出版の営為を中心とする事典なので、和紙の項目もかなり採録をさしひかえはしたが、それでも従来の大きな国語辞書や事典がのせていない事項や名称を初めてとりあげたり、旧来の説の誤りを訂正したりしているのも少なくはない。

ここにもち出した播磨紙（はりまがみ）もその一つであるが、『出版事典』の性格上、きわめて簡単にしか説明できなかったので、このコラムで委曲をつくさせていただくことにする。

戦前の『大辞典』（平凡社）から、最新の改版『広辞苑』にいたるまで、どの辞書・事典をひらいてみても、「播磨紙」は、「播磨国より産出する紙」と説明され、用語例として狂言の「かくすい」の引用を見るのが常である。その限りにおいて、説明も引用も正しい。

しかし播磨と言っても国は広く、紙の産地も今とは違ってあちこちに点在した。播磨のどこですいたどんな紙が「播磨紙」なのか、そこまでつきとめなければ、実は正確な説明にはならないのではないか。

「美濃紙」にしても、「美濃国から産出する紙」では、修辞学にいう「繰りかえし」（tautology）であって、それこそナンセンスであろう。

美濃は昔からの紙の名産地で、いたるところに抄紙場があり、紙の品種も多いが、そのどれを、どの時代、特に「美濃紙」と呼んだかをはっきりさせたとき、初めて私たちは納得する。

辞書や事典は、そこまで徹底しなければ完全に機能をはたすことにならないであろう。

日本における抄紙の歴史をしらべてみると、播磨は奈良時代から、美濃とともに抄紙の先進地であり、正倉院文書には、しばしば「播磨薄紙」「播磨経紙」「播磨白中紙」「播磨中薄紙」「播磨中紙」「播磨荒紙」などの名（ただし「播磨紙」はない）が見え、中央政庁へ各種の紙を多量に納入していたことがうかがえる。

しかし当時どこで抄造されていたか、それを知る手立ては全く無い。

原則的に言えるのは、他の国々の場合と同様、国府の付近で、立地条件が抄紙に好都合なところを選んでいたであろうとの推測だけである。

律令国家の体制がくずれ、中央政庁の威令が行われなくなった平安中期以後を迎えると、豪族が住み、荘園のある地方での抄紙が、官営製紙場の紙屋院を圧して頭をもたげる。

その典型的なのが「みちのく紙」であるが、近衛家の庄園の一つであった播磨の杉原谷における抄紙も、同じ系列に入れてよかろう。

杉原庄で抄かれた紙が文献に見える最も古い年代は、今のところ12世紀の初めの１１１６年よりさかのぼれないが、紫式部が死んで間もない11世紀後半には、立地条件その他いろいろの理由から見て、おそらくすでに播磨における抄紙のセンターとなっていたことが推定される。

そして、承久の変のあった13世紀の初めには、流通のルートに乗り、公家でも武家でも寺院でも、ものを書くのに最も手ごろな紙として、あまねく愛用されることとなった。

これが、ついこの間まで、儀式などの場合に重宝がられ、私のような明治人には思い出もなつかしい「杉原紙」の系譜なのである。


楮《こうぞ》を原料とし、奉書に似て、しかも奉書ほど格式ばらず、どの社会階層にも親しまれた杉原紙は、江戸時代にはいると全国随所の紙すきどころで模製され、「何々杉原」の名のもとに町衆たちの愛顧を受けるが、能・狂言の確立を見た室町時代では、播磨の杉原が生産のヘゲモニーを握っていた。

この事実を念頭において、私はもう一度いわゆる「播磨紙」に立ちかえり、その正体つきとめの作業にとりくみたい。


大蔵流狂言の堺類にも、同じ趣向のがあるが、脇狂言の「かくすい」では、庄園の年貢米を持って都へ上る摂津・河内・播磨3か国の百姓、たまたま途上で落ちあい、うちそろうて参上したところ、折ふし歌の会を催していた殿のご機嫌斜めならず、これはめでたい、「かくすい」の題を出すほどに、銘々それを詠みこんだ歌をたてまつれということになる。

摂津の百姓は魚網を、河内の百姓は早稲田を、それぞれ「かくすいて」に掛けたが、播磨の百姓は「はりまがみ　いかなる人の　かくすいて　筆ははしりて　文字はとまれり」と詠み、めでたしめでたしに終る。

つまり摂津は魚を、河内は米を、播磨は紙を国自慢にしたわけであるが、「筆ははしりて文字はとまれり」……筆の走りと墨付きの良さ、どうかすると両立しにくい二つの特色をみごとに調和させたのは、中世を通じ、杉原紙以外にはほとんど求められない。

とすれば、播磨紙とは、播磨を代表する紙、すなわち杉原紙にほかならぬことがよめてくるであろう。

辞書や事典は、播磨紙を「杉原紙《すぎはらがみ》の別名」とすべきであった。

御多分にもれず、杉原紙でも大正時代に抄紙は絶えた。

名の消えるのを惜しむ土地の有志が合力して昭和41年の春、記念碑を建てた。

題字は新村出博士〔広辞苑の編者〕、撰文は私〔寿岳文章〕。

このことが一つの刺激となったのか、若いころ杉原紙を抄いた宇高老人が、格納してあった道具をもち出し、昨年の春から杉原紙の復興にとりかかったという。

めでたし、播磨紙。

【参考文献一覧】　―著者名 敬称略―

「紫式部日記 紫式部集」校注：山本利達ほか（新潮社）
「大鏡」武田友宏（KADOKAWA）
「枕草子」校注：渡辺実（岩波書店）
「栄花物語」校注 松村博司ほか（岩波書店）
藤原道長「御堂関白記」倉本一宏（講談社学芸文庫）
藤原実資「小右記」倉本一宏（講談社学芸文庫）
藤原行成「権記」ほか　倉本一宏（講談社学芸文庫）
「源氏物語の時代」山本淳子（朝日選書）
「藤原道長と紫式部」関 幸彦（朝日選書）
「藤原道長の権力と欲望」倉本一宏（文藝春秋）
「平安貴族とは何か」倉本一宏（NHK出版）
「道長と宮廷社会」大津透（講談社）
「藤原氏の1300年」京谷一樹（朝日選書）
「道長ものがたり」山本淳子（朝日選書）
「藤原氏の研究」倉本一宏（雄山閣）

「藤原摂関家の誕生」米田雄介（吉川弘文館）
「藤原氏の正体」関裕二（東京書籍）
「律令制と貴族政治」竹内理三（お茶の水書房）
「律令制の転換と日本」坂上康俊（講談社）
「日記で読む日本中世史」元木康雄ほか（ミネルヴァ書房）
「殿暦」東京大学史料編纂所
「播磨風土記新考」井上通泰（臨川書店）
「日本書紀」宇治谷猛（講談社学術文庫）
「播磨学紀要〜峯相記〜」播磨学研究所
地志「播磨鑑」平野庸脩（歴史図書社）
続群書類従雑部巻九百十三「麒麟抄、麒麟抄増補」（続群書類従完成会）
群書類従巻百二十八「書札作法抄」（続群書類従完成会）
「兵庫県神社誌」（兵庫県神職会）
「荘園」永原慶二（吉川弘文館）
「荘園」伊藤俊一（中公新書）
講座日本荘園史「近畿地方の荘園」、「荘園の成立と領有」（吉川弘文館）
論文 荘園の収取体型と領主経済「公家領」井原今朝男

「渡来氏族の謎」加藤謙吉（祥伝社新書）
「秦氏の研究」大和岩雄（大和書房）
「秦氏の秘教」菅田正昭（学研パブリッシング）
「四天王寺の鷹」谷川健一（河出書房新社）
「古代播磨を往来した人と紙の軌跡」森田喜久男（神戸新聞出版センター）
「葬られた王朝」梅原猛（新潮社）
「越境する出雲学」岡本雅享（筑摩書房）
「日本史を支えてきた和紙の話」朽見行雄（想思社）
「紙の日本史」池田寿（勉誠出版）
「和紙と日本人の二千年」町田誠之（ＰＨＰ研究所）
「産業史三編 和紙と文化」宮本常一（未来社）
「杉原紙源流考（上）」新村出（和紙研究会）
「日本の紙」寿岳文章（吉川弘文館）
「日本産業発達史の研究」小野晃嗣（法政大学出版会）
「和紙の伝統」町田誠之（駸々堂）
論文 和紙生産の立地とその変遷笠井文保
「加古川流域の古代史」神崎勝（妙見山麓遺跡調査会）

論文 京都の紙「中世の紙座」、「中世の料紙」河野徳吉〔百万塔〕
論文「和紙の製法」、「杉原紙」柳橋眞
「播磨地名伝承の探索」寺本躬久〔神戸新聞出版センター〕
論文 播磨風土記の植物学的研究：服部保ほか
「加美町史略稿」藤田貞雄〔未完本〕
「多可郡誌」・「加西郡誌」・「丹波志」・「氷上郡志」「八千代町史」・「青垣町史」
「古代山陰道の考察」谷田勝〔氷上中央出版〕
「多可 地名の由来と歴史遺産」多可郷土史研究会
「播磨の紙の歴史　杉原紙」藤田貞雄〔神戸新聞総合出版センター〕
「杉原紙〜その継承と発展〜」、「杉原紙論考集」杉原紙振興ボランティア編〔協力 杉原紙研究所〕
文化庁調査事業「杉原紙総合調査報告書」多可町教育委員会
「日本の和紙文化における杉原紙」〔湯山賢一〕
「室町時代の椙原紙」〔富田正弘〕
「中近世の史料に見る杉原紙の動向」〔小栗栖健治〕
「近代の和紙と現代の杉原紙」〔埴岡真弓〕

おわりに――ふるさととの「心象風景」を大切にしたい

この書物は町長OBとしての私に、「もっと『杉原紙』を、もっともっと『多可町』の魅力を、全国にPRしてもらいたい」との地域の声に押されて著したものです。

それらの多くの皆さんに支えていただき、ここまで筆を進めてきました。

脱稿の少し前のこと、「藤原定家（1162〜1241）」自筆の古今集注釈『顕注密勘《けんちゅうみっかん》』原本が、冷泉家の時雨亭《しぐれてい》文庫（京都市）で見つかりました。

「国宝級の発見」との記事が、各新聞紙面（令和6年（2024）4月19日）に躍っていました。

「これって、杉原紙に書かれているの？」との質問を受けました。

有り難い関心事なのですが、なかなか簡単に答えることができません。その質問者を「和紙に関する精通者」と思われるかもしれませんが、実はそうではありません。まったくの門外漢にすぎない（私の）妻なのです。

『古今集』の完成から300年を経た鎌倉時代初期に、（定家ら）当時の歌人たちが秀作を研究した成果品として記されたのが、今回発見された『顕注密勘』だそうです。

この冊子は800年前に記されており、播磨の「椙原庄」で漉かれた「摂関家の紙」に違いないと思うのですが、それが「椙原庄紙」か「杉原紙」なのか、今の私には区別がつかないのです。

「播磨紙」と「椙原庄紙」と「杉原紙」は1000年もの「盛時」を誇る日本を代表する紙であり、同じ産地の、同じ場所で漉かれた紙なのですが、時代の変遷に合わせて、原材料や抄紙法、紙の種類にも異なりがあったと考えています。

「播磨紙」と「椙原庄紙」は製法が緻密で、紙種もバラエティーに富む同様の高級紙ですが、「杉原紙」は原材料を楮だけに特化して高品質を求めながら、効率的かつ大量に漉かれた実用的な楮紙なのです。

「定家」の自筆文書の料紙は、800年を経ていることから「虫食い」が見られたと新聞に記されていますので、当時の最高品質の「椙原庄紙」ではありません。

なぜなら「椙原庄紙」の前身である最高級の「播磨紙」は、1300年を経ても「虫食い」がなく、今も新品と同様に「正倉院」に残っているからです。鎌倉期の「紙屋院」は主に漉き返し紙を漉いていましたから、藤原定家は摂関家（氏長者）からの配給紙（下賜紙）を料紙として使っていたと思われます。

この「定家」の常用紙は、筆の滑りを良くするために「米粉」が使われた優良な白い紙のようですが、これが「椙原庄紙」なのか「杉原紙」なのか、現物を分析しなければ識別できないのです。本文で触れた「道長」直筆の「金峯山経塚出土紺紙金字経」、厳島神社の『平家納経』

を含めて、専門研究者による料紙の解析が待たれるところです。

「過去」を知るところから、確かな「未来」が拓けます。

特に過疎化する地域にあっては、その地域の歴史を住民自らが学ぶことによって、未来への対応が可能となるのです。何人も過去からの「心象風景」を損なってはなりません。特に財政的に脆弱な小さな自治体の存亡は、この「心象倫理」（郷土を素直に愛する気持ち）にかかっているといって良いでしょう。

本書では、平安期の紫式部を扱ったＮＨＫの大河ドラマに託《かこつ》けて、『源氏物語』原本の料紙と考えられる（多可町産の）「摂関家の紙・椙原庄紙」について、歴史的な背景を論拠として示しながら、自説を展開してきました。

ご異論もあるでしょうが、現時点で納得していただけなくとも、私論のあらましをご理解いただければ幸いです。

「杉原紙」は、『播磨風土記』編纂時の「賀眉里」全体の地域遺産ですが、多可町の象徴的な地域特性は「杉原紙」だけではありません。

酒造好適米として知られる「山田錦」の発祥地であり、国民の祝日「敬老の日」を提唱した心優しい町でもあるのです。

全国レベルの『三つの発祥地』を標榜できる特色ある地方自治体であることが、多可町民の「誇り（シビックプライド）」です。

兵庫県多可町は魅力に満ち溢れた「多くの可能性を持つ町」で、私はその多可町の初代の町長だったのです。

これからも「ふるさと多可」を誰よりも愛し続け、多彩・多様で魅力ある町の発信を続けていきたいと思っています。

結びに、この書籍の出版にご協力いただいた「杉原紙研究所」藤田尚志所長、「杉原紙振興ボランティア」の山中進代表と石丸祐子さん、「多可町図書館」依藤啓子館長、兵庫県町村会事務局OGの横山雅子さん、そして未熟な筆者をリアルの出版に導いていただいた「スタブロブックス」の高橋武男さんに心からの感謝と御礼を申し上げます。有り難うございました。

令和6年（2024）小暑

戸田善規 拝

【著者】
戸田 善規（とだ・よしのり）

総務省地域力創造アドバイザー。前・兵庫県多可町長。

総合型まちづくり機構「たかめっせ」理事長、（一財）地域活性化センター顧問、日本赤十字社兵庫県支部監査委員、杉原紙振興ボランティア（和紙研究）など。

〔略歴〕1952年兵庫県生まれ。衆議院議員公設第一秘書、社会保険労務士、㈳西脇青年会議所理事長、兵庫県加美町長、合併後に初代多可町長〔首長職5期〕。この間、内閣府地方分権改革有識者会議議員、厚労省厚生科学審議会分科会委員、兵庫県町村会長、近畿町村会長、全国町村会理事などを歴任。〔著作・論文〕「杉原紙～思い草の記～」（杉原紙研究所）、「地域振興と情報政策との連環」（日本地域開発センター）ほか。〔賞罰〕2023年春叙勲「旭日小授章」受章など。

紫式部が愛した紙
藤原道長と「椙原《すぎはら》庄《しょう》紙《し》」

2024年 7月27日 初版第1刷発行

著　　者　戸田善規
制作協力　兵庫県多可町立「杉原紙研究所」
発 行 人　高橋武男
発 行 所　スタブロブックス株式会社
〒673-1446兵庫県加東市上田603-2
TEL 0795-20-6719　FAX 0795-20-3613
info@stablobooks.co.jp
https://stablobooks.co.jp

印刷・製本　シナノ印刷株式会社

ISBN978-4-910371-06-1 C0021 定価はカバーに表示してあります。

杉原紙研究所の所長・藤田尚志さん。杉原紙を漉き始めて24年になる

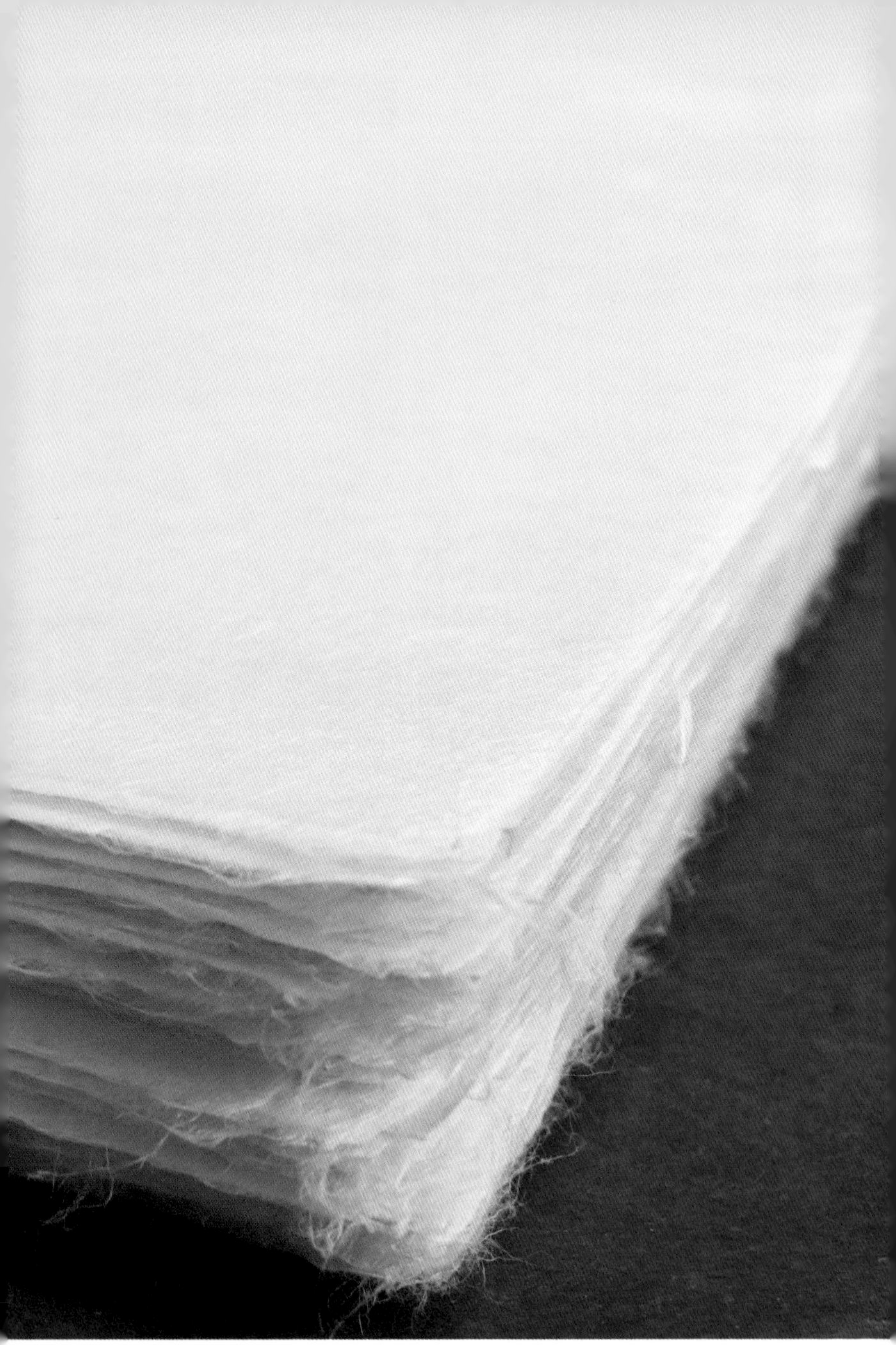

杉原紙研究所で手漉きされた「杉原紙」

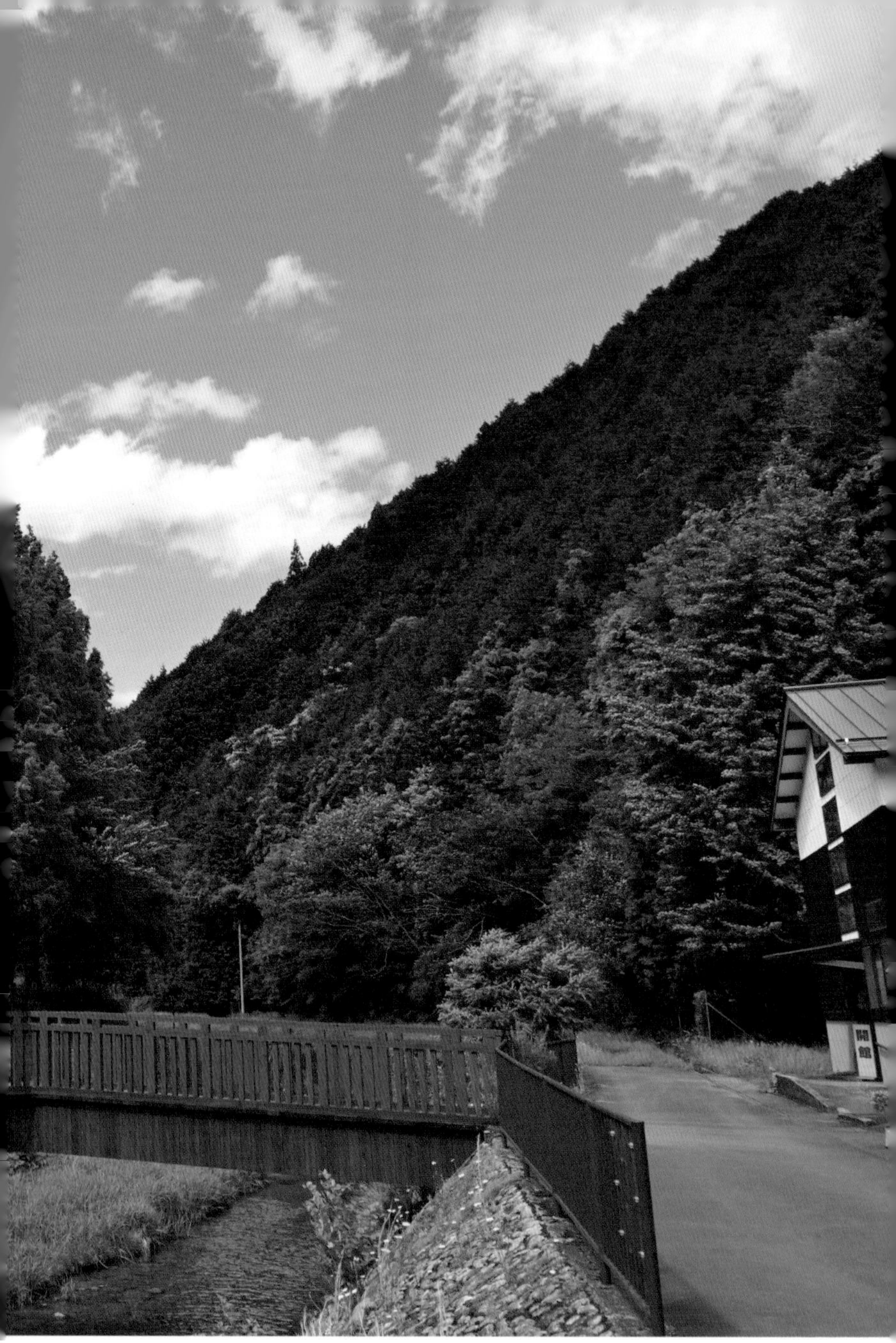

杉原紙研究所のある多可町加美区の風景。下に流れるのが、川さらしが行われる杉原川

❽【除く】コウゾみだし

煮えた白皮は、清水でアクを洗い流し、繊維に残っているチリやゴミなどの不純物を取り除きます。

❾【叩く】紙たたき

白皮の繊維をほぐすため、機械やたたき棒を使って叩きます。ほぐれた繊維を「紙《し》料《りょう》」といいます。

❿※【加える】米粉づくり

杉原紙をより白く柔らかくするために米の粉をひき、水に浸して袋でこした液を紙料に加えます。

⓫【漉く】紙漉き

水を張った漉き舟の中に紙料とサナ（トロロアオイの粘液）を入れてよくかき混ぜます。簀《す》桁《けた》という道具で紙料をすくい、前後左右に揺すりながら紙を漉いていきます。漉いた紙は、板の上に積み重ねていきます。

⓬【干す】紙干し

漉き重ねた紙は一晩放置し、翌朝にジャッキを使ってゆっくりと水分を絞ります。紙を１枚ずつめくり、シワにならないように刷毛で伸ばしながら鉄板（あるいは干し板）に貼って乾燥をさせます。

⓭【選ぶ】選別

乾いた紙を１枚ずつ念入りに検査し、いい紙とそうでない紙とを仕分けします。

①～⑤は冬期のみ、⑥～⑫は年中の作業　※⑩は、米粉入り紙の場合のみ

杉原紙ができるまで

❶【刈る】コウゾ刈り

原木のコウゾは、霜が降り葉の散る 12 月〜1月に収穫します。

❷【蒸す】コウゾ蒸し

長さ1m に切りそろえたコウゾを、大きな桶で1時間半ほど蒸します。

❸【剥ぐ】皮はぎ

蒸したコウゾは、熱いうちに手で皮をはぎ取ります。

❹【削る】黒皮取り

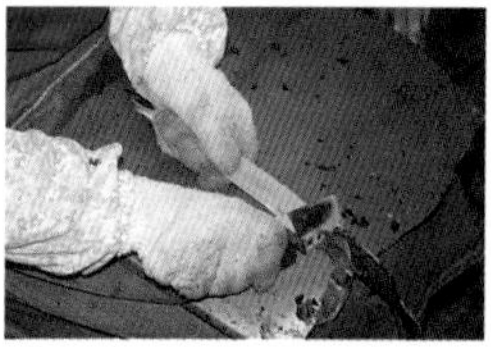

皮を水に浸けて足で踏みほぐした後、包丁を使って表皮の黒皮を削り取り、内側にある白皮だけにします。

❺【晒す】川さらし

白皮を杉原川の冷たい水に一昼夜浸してさらします。その後、竿に干し乾燥させて保存します。日光や雪、冷たい風にさらすことで、より白く美しい繊維となります。

❻【取る】きず取り

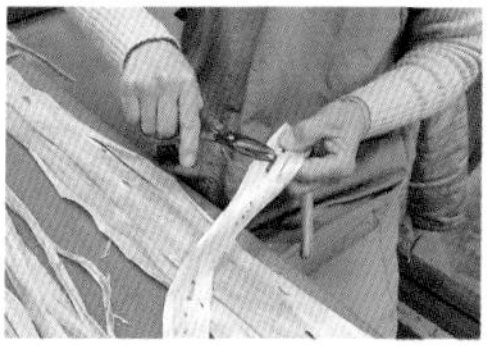

乾燥した白皮を水に戻し、キズの部分（虫喰いなどで硬くなったり黒ずんだ繊維）をハサミで取り除きます。

❼【煮る】釜たき

白皮を１日間水に浸しておき、ソーダ灰（もしくは木灰）を加えたアルカリ性の液で１時間半ほど煮ます。手でちぎれるくらいに柔らかくなります。

アクセス

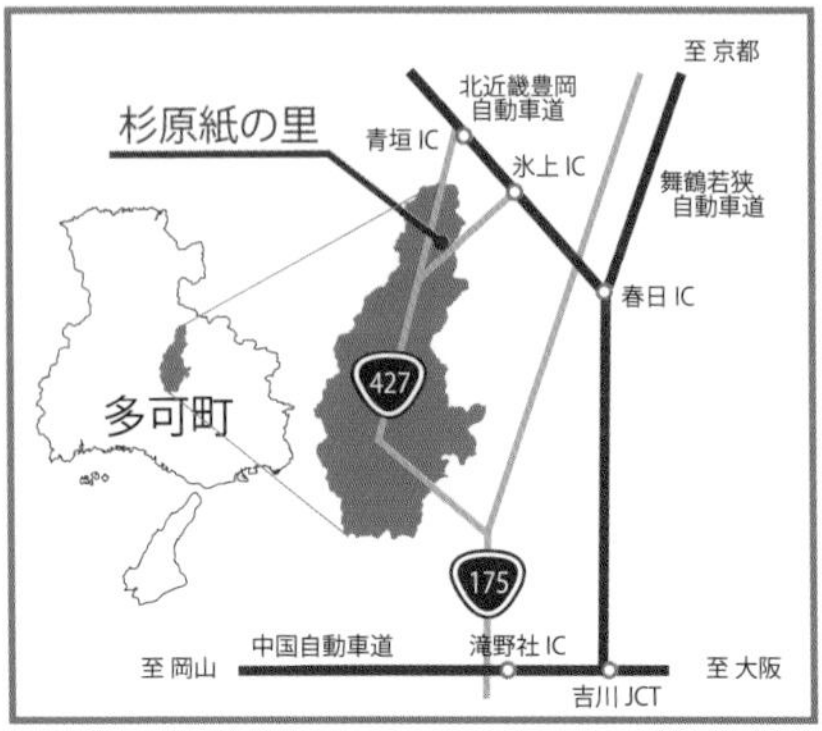

「お車で」

中国自動車道「滝野社 IC」から
国道 175 号・427 号経由で約 60 分
又は北近畿豊岡自動車道「青垣 IC」
から国道 427 号経由で約 30 分
「氷上 IC」から県道 78 号
丹波加美線経由で約 20 分

「バスで」

JR「西脇市駅」から神姫バス
山寄上行き「杉原紙の里」下車
又は神姫バス鳥羽上行き
「鳥羽上」下車、徒歩 10 分

杉原紙の里　施設のご案内

①杉原紙研究所（和紙の製作工房）
②展示体験工房（企画展示室・紙すき体験室）
③寿岳文庫（貴重な和紙や文献の展示室）
④紙匠庵でんでん（杉原紙の販売所）

〒679-1322
兵庫県多可郡多可町加美区鳥羽 768-46
TEL/FAX 0795-36-0080
https://sugiharagami.takacho.net/
sugiharagami@town.taka.lg.jp

開館時間　①9：00〜17：00
②〜④9：30〜16：30（12 月〜3 月は 10：00〜16：00）

休館日　毎週水曜日（祝日の場合は翌日）・年末年始

入館料　無料（紙すき体験は有料）